西餐的基础知识

日本株式会社柑出版社 编
孙璐 译

北京出版集团
北京美术摄影出版社

目录

*书中涉及的餐厅地址、电话、营业时间等为编者截稿时的信息，实时信息请另行查询核实。

走进西餐世界的八把钥匙

寻求能改变美食人生的至美一味

1 多彩的西餐菜单让人眼前一亮

牛排、汉堡肉、那不勒斯意面配炸虾，还有蛋包饭！在让人眼花缭乱的菜单中选择的过程也是吃西餐的乐趣之一吧。

只需吃一口，便被浓厚酱汁带来的幸福感所包围。这样一直受到人们喜爱的西餐的世界是怎样的呢？让我们一起去看一看吧。

2 历史悠久的传统味道

历史回溯到约150年前的1863年，日本西餐厅的始祖“良林亭”（后改称“自由亭”）开业。从那时起直到今天，西餐不断改变着它的形式和做法的同时，也被广大食客所喜爱着。

西餐的味道是由酱汁来决定的。蔬菜肉酱、贝夏美酱等都是西餐中的经典酱汁。本书将公开人气西餐厅的酱汁做法!

3 学习“西餐的精髓”——酱汁的做法

相信很多人都有所体会，就算按照同一个食谱做，不同的餐厅菜的味道也会有很大不同。在这里，主厨将传授自己的独门秘诀。有了这些小技巧，就能尽可能地做出味道与餐厅相近的西餐来。

4 只有专家才知道的技巧

在家里做西餐时，适当改变一下日常的做法，就能碰撞出新的美味。比如在西餐中适当加入日式调料，或者搭配平时不会使用的食材等。还可以适当加些蔬菜，让营养更加均衡。

5 一点小改变就能让西餐更美味

近年来，厨具经过改良，变得更加人性化，样式也层出不穷。但是主厨们用着最顺手的还是跟随自己多年的锅具。它们是主厨们的好搭档。

6 顺手的厨具是做饭时的好帮手

本书严选多家西餐名店。它们中的许多开业于明治维新时代，有着150多年的悠久历史，代表着日本西餐界的最高水平，如今也依旧走在时代的前沿。跟随我们一起去寻找那独一无二的美食吧！

7 去名店品尝真正美味的西餐

美味的西餐厅分布在日本全国各地，想一一走遍很难。但如果能拿到这些西餐厅的食谱的话，就能足不出户享受美食了。

8 按照名店食谱做西餐

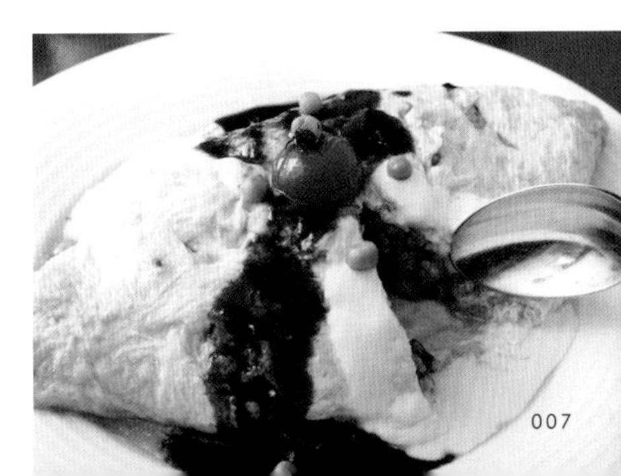

西餐的基础

010 西餐的历史

了解了西餐的历史，就了解了西餐的来路。伴随着文明开化的进程，西洋料理登上了日本的历史舞台。经过先人们的改良，昔日的西洋料理逐渐演变成了今天的“日式西餐”。

016 酱汁是西餐美味的秘诀

酱汁是西餐的基础。由多种食材制作而成的酱汁，能够凸显主菜的美味。
首先让我们来看看下面10种酱汁的做法。

蔬菜肉酱/贝夏美酱/番茄酱/塔塔酱/醋沙司/酸辣调味沙司/原味塔塔酱/蘑菇蔬菜肉酱/黄油酱/伍斯特酱

西餐的历史

先来了解一下！

西餐作为一种衍生文化是怎样流行起来的呢？
让我们从日本第一家西餐厅『自由亭』开始，了解日本西餐的历史吧。

照片来源：长崎哥拉巴公园、长崎大学附属图书馆、每日新闻社、国立国会图书馆

上）福屋，在当时与自由亭、清洋亭（精洋亭）并称为长崎三大西餐厅。中）大阪自由亭酒店，于1881年（明治十四年）开业。左）草野丈吉，厨师，曾受雇于荷兰人。下）哥拉巴公园内标志西餐发祥的石碑

为了了解西餐的历史……

我们拜访了自由亭所在地——长崎哥拉巴公园的研究员，横山精士先生。

日本的西餐厅最早出现于江户末期。诞生于长崎出岛的“良林亭”（后改为“自游亭”“自由亭”）是日本第一家由本国人经营的西餐厅。草野丈吉受雇于经常往来出岛的荷兰人，从事厨师和杂务等工作。萨摩藩武士五代友厚听说了有关他的传闻，向他点了三道西餐，并建议他开一家西餐厅，于是便有了自由亭。

当时正处幕末时期，“自由亭”的顾客多为各藩的武士和领主、长崎奉行（官

名）和居住在长崎的外国人。最初，餐厅是由丈吉的私宅改造而成的。用餐需提前一天预约，一人的费用是三朱（货币单位），且不接待同行六人以上的用餐，当时的三朱相当于现在的13000日元左右。在那个连电话都没有的年代，很难提前一天预约，可想而知，想吃上一道西餐也是很难的。在当时丈吉为意大利皇族手写的菜单中，有“通心粉汤、煮羊里脊、意大利烤鸡、米饭布丁、松饼、奶酪、咖啡”等菜肴。

在此之后，自由亭生意十分兴隆。1879年（明治十二年），丈吉将店铺开到了长崎市内的马町。后来这家餐厅被迁址到哥拉巴公园内，就是现在的“旧自由亭”。作为长崎最好的餐厅，“自由亭”接待过以原美国总统格兰特夫妇为首的各国宾客。在当时的菜单中有“咖啡、咖喱、果冻派”等饮品和菜肴。猪肉和鸡肉料理、沙拉、面包、咖啡等食品搭配蛋糕等西式点心是当时的经典吃法。

1869年（明治二年），丈吉借五代友厚之力，在川口居留地梅本町（现在的大阪府西区本田）开设了酒店。后来，这座酒店被任命为大阪府御用餐厅。

此外，1876年（明治九年），丈吉在去京都参加博览会时，听说了位于祇园二轩茶屋（京都地名）的藤屋停业的消息，便迅速买下了这块土地，开设了面向外国人的酒店和西餐厅。

大阪自由亭酒店于丈吉去世前5年开业。这家酒店接待过大阪知事和各国领事，是关西地区非常具有代表性的餐厅。

由当时的“自由亭”移址重建的“旧自由亭”也坐落于园内。“旧自由亭”的二层是咖啡厅，推荐饮品是与长崎深有渊源的荷兰人独创的荷兰咖啡。

西餐的历史年表

跟随年表看看西餐发展的步伐

1854年（嘉永七年）

『日美亲善条约』签订。横滨、神户、函馆三港开港。

1863年（文久三年）

日本第一家西餐厅『良林亭』（后改称『自由亭』）于长崎开业。

1868年（明治元年）

御好烧的原型——牛肉锅诞生于现位于横滨的『太田居酒屋』。酱油和砂糖赋予牛肉以日本风味。牛肉锅作为一种大众味道迅速流行开来。

『筑地酒店』于东京筑地开业。

当时的筑地是东京的外国人居住地之一。

随着神佛分离令的发布，肉食被解禁。在这之前，日本有忌讳肉食的习俗，因此以肉食为主的西餐很难融入日本人的饮食生活。

1872年（明治五年）

『筑地精养轩』于东京筑地开业，是一家在当时可以接待欧美顾客，集餐厅和酒店于一体的店铺。当时宫内省（负责日本皇族衣食住行的机构）没有专门制作西餐的部门，就请『筑地精养轩』外送西餐。自此，『筑地精养轩』成为皇族御用餐厅之一。

1883年（明治十六年）

由日本明治政府主办的『鹿鸣馆』开业，藤田源吉出任主厨。他曾在荷兰公馆跟随外国主厨学习做菜。

1890年（明治二十三年）

『帝国酒店』于东京丸之内开业。内海藤太郎主厨奠定了『帝国酒店』的料理基础，是日本西餐史上最闪亮的一颗巨星。

1870年（明治三年），福泽谕吉发表了鼓励肉食的《肉食之说》。谕吉喜食牛肉，是大阪牛肉锅店的常客

1876年（明治九年），随着上野公园设立而开业的“上野精养轩”。现在仍矗立在不忍池畔。照片摄于1950年

“筑地精养轩”店内。主要接待国外政要，特色是地道的法式料理。在关东大地震中毁于一旦

1895年（明治二十八年）

·『炼瓦亭』于东京银座开业。店主田园次郎独创了炸猪排的做法，并因此成名。

据相关数据显示，这时东京的西餐厅已达1500家。

1901年（明治三十四年）

·日本新干线的东海道线上出现了餐车，在餐车上可以买到『精养轩』的西餐。

1903年（明治三十六年）

·随着东京的日比谷公园开园，园内的『日比谷松本楼』也随之开业。

当时，在松本楼吃咖喱饭，喝咖啡成为一种潮流。

1910年（明治四十三年）

·横滨『不二家』开业。

1912年（大正元年）

·『小春轩』于东京日本桥开业。

1913年（大正二年）

·『吾妻』于日本吾妻桥开业。

1914年（大正三年）

·『蓬莱屋』于东京上野开业。

这时，东京都内，简易的盖浇饭小吃店颇为流行。

1918年（大正七年）

·大阪和东京开始设立『简易餐厅』。

·位于东京浅草的餐厅『河金』家推出了『河金盖饭』（现在的炸猪排咖喱饭），就是在炸猪排盖饭上浇上咖喱，是店主河野金太郎的独创。

1922年（大正十一年）

·『潘雅（panya）食堂』（现在的『北极星』）于大阪开业。

这家餐厅奠定了大阪西餐的基础。

“炼瓦亭”开业至今，已经有120年的历史了，店内的元祖炸猪排依然以其肉厚且柔软的特色，深受广大食客的喜爱

摄于1913年（大正二年）。西餐厅“松洋轩”的入口处。许多客人搭乘人力车前来用餐。在市面上开始贩卖现成的伍斯特酱等酱汁以前，人们要亲自到店里才能吃到西餐

在银座经营餐厅的小坂梅吉创立了“日比谷松本楼”。这家餐厅坐落于郁郁葱葱的日比谷公园中。孟莎式屋顶的三层建筑在当时十分少见，非常时髦

1928年（昭和三年）

·『资生堂甜品店』正式作为餐厅开业。

成为银座的地标性建筑

·东京政府设立了二家市营大众餐厅。相关数据显示，一年内在大众餐厅用餐的顾客达550万人。

·副食店『调子屋（CHOUSHIYA）』于东京银座开业。

招牌菜可乐饼非常有人气。

1927年（昭和二年）

·坐落在东京新宿的『中村屋』增设了咖啡厅。

·新大陆（NEWGRAND）酒店开业。第一代主厨是萨利·韦尔，他独创了多利安饭的做法，给日本的西餐界带来了一次又一次的革新。

1926年（昭和元年）

·『日贺志屋』（现在的爱思必食品）开始售卖包装上印有其商标（太阳鸟图案）的咖喱粉。由此，咖喱饭走进了广大普通家庭。

1925年（大正十四年）

·『香味屋』于东京根岸开业，招牌菜是炸肉饼。

现在“香味屋”餐厅依旧是下町的名店。招牌菜炸肉饼搭配味道浓郁的蔬菜肉酱，让人回味无穷

1924年（大正十三年）

·『须田町食堂』（『聚乐』的前身）于东京神田开业。这家店门口挂着写有『简易西餐』的门帘，人气非常高。到了昭和初期，在东京都内就已经有90家分店了。

1923年（大正十二年）

·受关东大地震的影响，许多西餐厅被毁、倒闭。幸存下来的店也在经营方面遭受了巨大的打击。

但以震灾为契机，大众食堂由东京起源，迅速流行开来。

·『伊藤西餐』于神户开业。这家餐厅由伊藤宽经营，他曾在国外的轮船上做过厨师。

战前非常有人气的西餐厅的室外小吃亭。左图为夜里银座写字楼前的小吃亭。顾客包括从儿童到成年人各个年龄层，店里经常十分拥挤。战时，西餐虽然曾一度衰颓，但战争结束后又很快回到了日本人的餐桌上

开业当时的新大陆酒店。常客包括从横滨港上岸的外国人。战后由驻日盟军（GHQ）接管

- 1930年（昭和五年）
  - 『燕子（TUBAME）餐厅』于东京银座开业。
  - 日本桥三越的餐厅里，出现了儿童套餐。

    牛汉堡肉十分受欢迎。
- 1931年（昭和六年）
  - 『泰明轩（TAIMEIKEN）』在东京日本桥开业。
  - 『芳味亭』在东京日本桥开业。
- 1933年（昭和八年）
  - 上野地区的『乐天』、浅草地区的『喜多八』，这两家餐厅的炸猪排十分畅销。
- 1936年（昭和十一年）
  - 当时，东京都内西餐厅的室外小吃亭不断增加。各个年龄段和阶层的人都会前往用餐。
- 1941年（昭和十六年）
  - 太平洋战争爆发。战争期间，日本政府实行严格的粮食管制政策，外食遭受了巨大打击。
- 1945年（昭和二十年）
  - GHQ接管新大陆酒店，其第二任主厨入江茂忠独创了那不勒斯面条的做法。
- 1949年（昭和二十四年）
  - 『亚利桑那厨房（ARIZONA KITCHEN）』在东京浅草开业。
- 1952年（昭和二十七年）
  - 『银塔』在东京银座开业。
- 1955年（昭和三十年）
  - 『萨波鲁（Sabouru）』在东京神田开业
- 1956年（昭和三十一年）
  - 西武、东武、三越等百货商店相继在池袋开业。东京都心的餐厅生意兴隆。

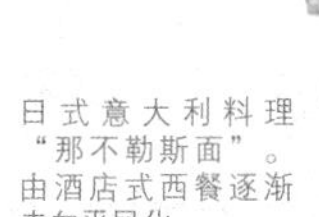
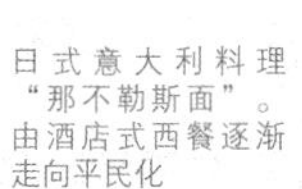

日式意大利料理“那不勒斯面”。由酒店式西餐逐渐走向平民化

出现于大正时代的百货店餐厅，进入昭和三十年后迅速大众化，换言之，西餐厅已成为普通家庭可以轻松光顾的场所

新大陆（NEWGRAND）酒店的瑞士主厨萨利·韦尔是从巴黎被招聘来的

01

银座三河屋 Mikawaya

\ 教授人 /

厨师长　田村宪彦

田村宪彦厨师长，经营Mikawaya长达35年，是一名资深厨师。他把餐厅的成功归功于“优秀的团队”，厨师长这样谦逊的品格在其菜品中也有所体现。

三河屋餐厅

地址：中央区银座4-7-12
电话：03-3561-2006
营业时间：11:30—21:30（L.O.20:30）
休息日：全年无休
座位费：用餐费用的10%

西餐的根本 酱汁是西餐美味的秘诀

酱汁是西餐美味与否的关键。让我们跟随银座名店——三河屋的专业厨师学习制作酱汁的方法吧。

重点：

牛奶的量和温度都会影响菜品的味道。酱汁能让这道菜更加美味。

大虾奶酪焗菜

贝夏美酱

只用黄油、小麦粉、牛奶就能做出来的白色酱汁。不同的餐厅还会加入鸡汤、生奶油等。制作时最重要的一步是充分搅拌，直至材料均匀混合，没有粉感。新手在做的时候可能会出现烧焦或面粉变成面疙瘩等状况，难度较高。

重点：

餐厅的招牌酱汁，按照从开业起沿用至今的食谱，耗时两周才能做成。

牛汉堡肉

蔬菜肉酱

被用在汉堡肉、西式炖菜、牛排和牛肉饭等多种西餐的制作中，被称为西餐的精华。在三河屋，厨师们要耗时两周才能做出这种酱汁，真不愧是餐厅引以为傲的招牌酱汁。

凭着厨师的个人经验和技巧做出的招牌酱汁

酱汁是西餐的生命。可以说没有酱汁，就做不了西餐。反过来说，如果掌握了美味酱汁的做法，就能做出美味的西餐。

从昭和二十三年餐厅开业以来，田村宪彦厨师长就一直守护着这经典的味道。对他来说，酱汁制作的奥秘就是“不减工料，不惜时间”。制作店内的招牌酱汁——蔬菜肉酱需耗时两周，光是汤汁的制作就需要一周的时间。贝夏美酱等其他的酱汁，原材料和做法也非常简单，但是，正因如此这些酱汁才能不喧宾夺主，更好地凸显主菜的味道。下面就请主厨们来教我们专业酱汁的制作方法吧。

番茄酱

番茄独有的酸味和鲜味更加凸显了食材本身的美味。番茄酱适合搭配味道清淡的食材，经常被用来搭配虾或白色鱼肉。制作的要点是充分煮熟番茄，使其味道更加浓郁。

重点：

充分煮熟，使水分挥发。使用熟透的番茄。

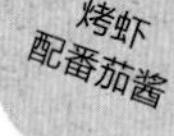

醋沙司

在西餐中，醋沙司也是酱汁的一种。醋沙司是混合西式醋、色拉油和白胡椒等食材，做成的一种法式调味汁。虽然原材料和制作方法都非常简单，但醋沙司也深受食客们的喜爱，甚至会有很多人去餐厅专门打包带回家。

沙拉

重点：

醋沙司柔和的酸味能凸显蔬菜的味道，是餐厅的基础酱汁。酱汁中还有淡淡的酱油味。

塔塔酱

塔塔酱是在炸虾、炸肉饼等油炸料理中不可或缺的酱汁。蛋黄酱的浓郁搭配西式泡菜和刺山柑等酸味食材，调和成了清爽的味道，使油炸料理更加爽口。

重点：

制作方法简单，但加工洋葱和打蛋时则需要专业的技巧。通常用热蔬菜作为配菜。

银座
三河屋
Mikawaya

酱汁配方
01

蔬菜肉酱的做法

在西餐烹饪中被广泛使用的基础酱料，
被称为“西餐的精华”。
试试亲手制作吧。

食材（1000 mL）

牛腱肉……500 g
大蒜……1粒
洋葱（中等大小）……1个
胡萝卜……1/2根
芹菜……1根
月桂……1片
西红柿泥……1/2杯
水……2.5 L
小麦粉……大汤匙5～6匙
固体汤料……3粒
辣酱油……50 mL
番茄酱……20 mL
红酒……30 mL
胡椒盐……适量

HP酱
小麦粉……大汤匙30 g
色拉油……大汤匙30 mL

01

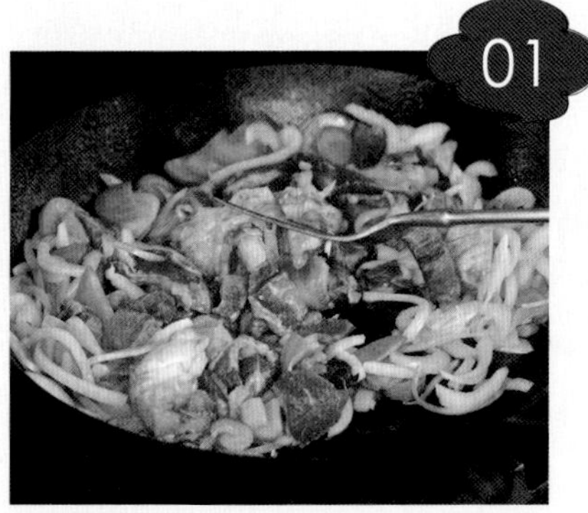

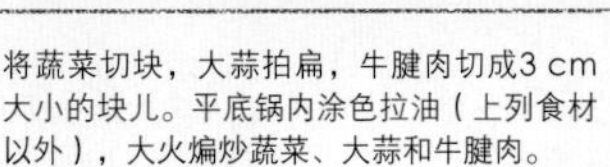

将蔬菜切块，大蒜拍扁，牛腱肉切成3 cm大小的块儿。平底锅内涂色拉油（上列食材以外），大火煸炒蔬菜、大蒜和牛腱肉。

02

炒至一定时间后转小火，慢慢炒制30分钟左右，直到食材变成褐色。颜色参照本图。

03

撒入小麦粉，翻炒至面粉与菜肉均匀混合。

04

移至煮锅，加入水、月桂和西红柿泥，大火煮沸。沸腾后加入固体汤料，转小火，炖煮2小时。

来制作棕色沙司吧！

棕色沙司能使蔬菜肉酱更加浓稠、上色更好。小火炒制小麦粉和黄油，注意不要烧焦。

锅底涂色拉油，油稍热时加入小麦粉，小火加热的同时用锅铲搅拌。加热10分钟左右，酱汁颜色如图。当变成图中颜色，且面粉的腥味被完全去除时就做好了。

煮好后过滤。这时，被煮软的肉和蔬菜已变成糊状，食材的鲜味被充分释放。

小火煮制，加入棕色沙司，仔细地搅匀。

完成前加入伍斯特酱、番茄酱和红酒，用盐和胡椒调味，煮至调料充分混合即完成。

在专业的做法中，煮出汤汁需要耗时一周，加入棕色沙司后也还要再煮四天才能完成。但是，在家里制作时，加入固态汤料和调味料能缩短制作时间，也能使酱汁的味道更接近专业水平。

酱汁配方
02

贝夏美酱的做法

是炸肉饼和奶酪焗青菜等料理中不可或缺的酱汁。制作时要慢慢加入牛奶，并充分搅拌。

食材（7～8份奶酪焗菜所需量）

黄油……100 g
牛奶……900 mL
小麦粉（低筋粉）……100 g
盐……一小撮

锅中加入黄油，中火加热使其熔解。也可使用微波炉熔化黄油。另起一锅加热牛奶。

黄油沸腾起泡后加入小麦粉炒匀。

保持小火加热。用锅铲充分搅拌。

炒制5分钟，直到食材变成豆沙状。

厨具选择的要点

炒制食材时，最好选用铲面平坦的锅铲。这样的锅铲与锅底接触面积更大，能更好地搅拌食材。

05

将锅移下炉灶，放在潮湿的布上约1分钟，使其稍微冷却。

重点：

\第一次/

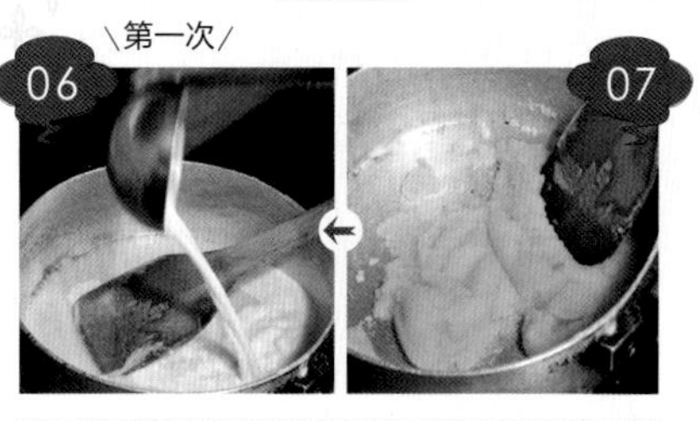

06 继续加热，在酱汁沸腾前，将一长柄勺牛奶慢慢加入，并充分搅拌。

07 搅拌1分钟左右，快速持续地搅拌能避免面粉变成面疙瘩。

\第二次/

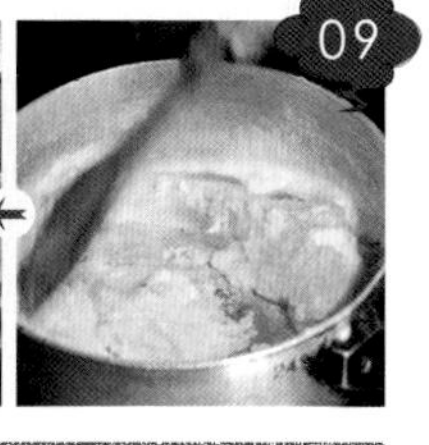

08 再次加入一长柄勺牛奶，并快速搅拌。

09 和第一次一样，用锅铲从锅底部开始翻动牛奶和酱汁，使其充分混合。保持小火或中火。

10 第三次加入牛奶时，可不用太在意牛奶的用量。将牛奶全部倒入锅中，继续搅拌，可以使用搅拌器。

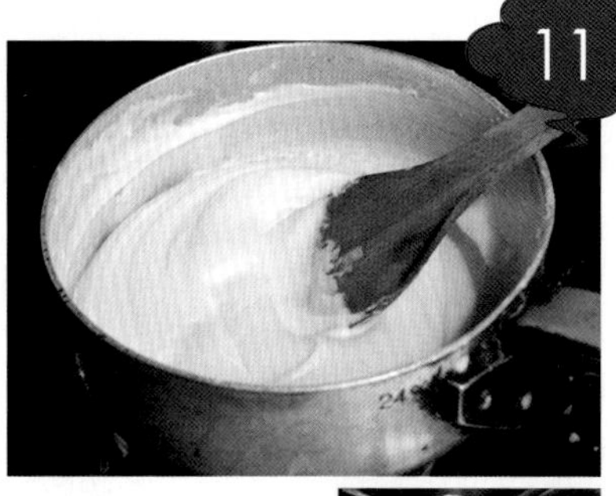

11 混合好牛奶，再小火煮制5分钟左右。最后加入一小撮盐。完成后冷藏2~3天风味更佳。

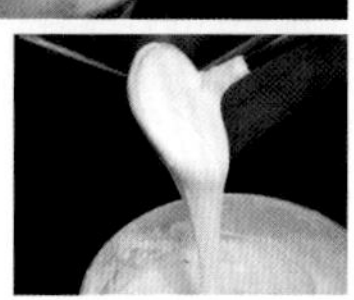

酱汁配方
03

番茄酱的做法

番茄酱的一般做法是先将蔬菜煮至软烂，再过滤，相对比较烦琐。在这里，给大家介绍在家就能轻松制作的快手番茄酱食谱。

食材（便于制作的分量）

番茄（中等大小）……6个（切块）
大蒜……1粒（切末）
橄榄油……90 mL
月桂叶……1片

开火，将橄榄油倒入锅内。加入蒜炒出香味。

将蒜充分炒制后加入番茄，开大火。

用锅铲将番茄切碎，继续煮制。沸腾后加入月桂叶，并注意调整火候。

加入胡椒盐（上述食材以外）并充分搅拌后，煮制10分钟。

做出美味酱汁的要点

去除番茄的种子，挤出水分

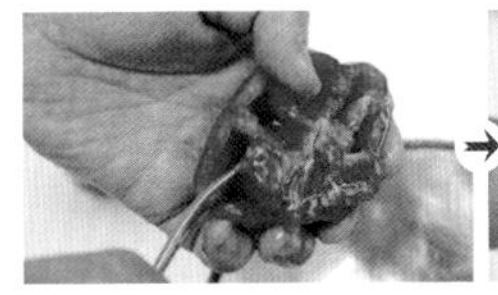

将番茄横切成两半，用勺子等工具挖出其中的种子。

取出种子后单手稍微挤压番茄，挤出一些汁水。

切成小丁，用熟透的番茄能使番茄酱味道更加浓郁。

05

中火煮10分钟，直到锅内食材分量减半。用锅底面积更大的锅能缩短煮制时间。

06

当水分完全煮干时，番茄酱就做好了。这时，可把月桂叶挑出来。

重点：

一定要把番茄煮到熟透。一般来说，煮好的番茄酱分量是最初食材的一半。图片中的番茄酱水分被完全煮干，这样的番茄酱味道更加浓郁，非常适合搭配海鲜类料理。

专业的做法有这些不同！
银座三河屋的正宗番茄酱，要将番茄、洋葱和月桂等食材与清汤一同长时间熬煮后，再经过碾压和过滤等工序，才能做好。这样费时费力的酱汁会时常出现在季节限定菜品中，请拭目以待吧！

酱汁配方
04

塔塔酱的做法

搭配塔塔酱能使油炸料理变得更加爽口、美味。一定要亲手做做看!

食材(成品分量约为一杯)

蛋黄酱……1杯
煮鸡蛋(切碎)……1个
洋葱碎……50 g
西式泡菜碎……25 g
刺山柑碎……5 g
欧芹……1小匙
盐……少量

在大碗中加入切碎的煮鸡蛋、西式泡菜碎、刺山柑碎、蛋黄酱和其他食材。

再加入洋葱碎和西芹碎。食材块越小,成品酱汁就越丝滑;块越大,酱汁中食材的口感就越突出,可随个人喜好控制。

做出美味酱汁的要点1

更简单地切碎煮鸡蛋

"银座三河屋"的塔塔酱口感丝滑。原因是煮鸡蛋被切得非常细碎,这是一道需要耐心的工序。在这里教给大家一个小技巧。

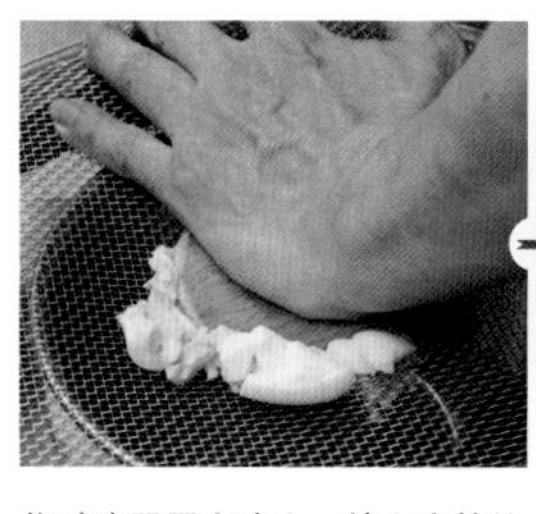

将过滤器罩在碗上,放上煮熟的鸡蛋,用手按压木铲将其压碎(如果没有过滤器的话,也可用过滤勺代替)。

磨碎鸡蛋时有一个小窍门:用手压着木铲来回摩擦,就能更快速地得到美味的鸡蛋碎了。

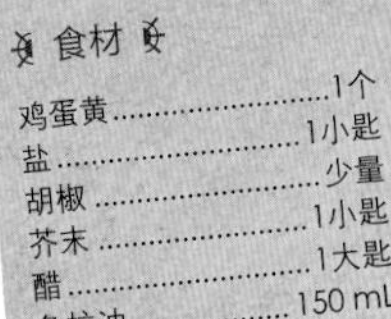

自制蛋黄酱!

加入自制的蛋黄酱，能让塔塔酱味道更好。自制的蛋黄酱，蛋黄的味道更加浓郁，奶油感更强，风味绝对与买来的蛋黄酱不同。

食材

鸡蛋黄……1个
盐……1小匙
胡椒……少量
芥末……1小匙
醋……1大匙
色拉油……150 mL

做法

1. 在无水无油的大碗中放入鸡蛋黄、盐、芥末和胡椒。
2. 加入醋，将食材充分搅拌均匀。
3. 将色拉油慢慢淋入食材中。
4. 当颜色变成乳白色，质感变稠时就完成了。

将所有食材加入大碗中，和蛋黄酱搅拌均匀。

04

搅拌后加入适量盐调味。

做出美味酱汁的要点2

一个小技巧就能让酱汁更美味

在切碎食材这道工序上花些功夫，也能让塔塔酱更加美味。洋葱味道辛辣，怎样做能使它的辣味柔和些呢?

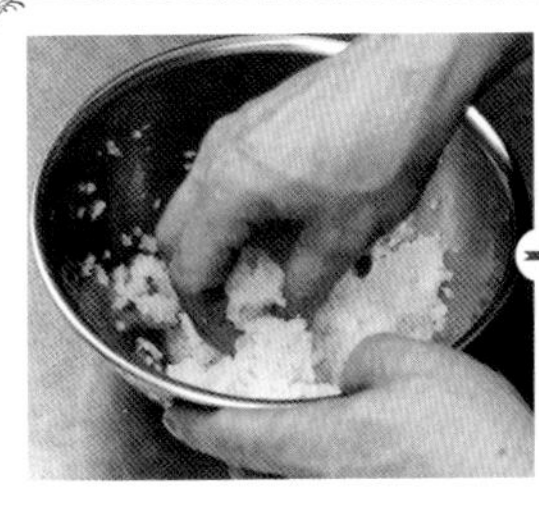

切碎洋葱后放入一小撮盐，用手揉至洋葱变软。

用盐揉过后，洋葱渗出的水分会带走多余的辣味。最后再用带细孔的布将水分滤除就可以了。

酱汁配方
05

醋沙司的
做法

醋沙司是一种法式调味汁。做法非常简单，是一种百搭酱汁。

食材（成品分量约为一杯）

盐……1小匙
醋……1/3杯
色拉油……2/3杯

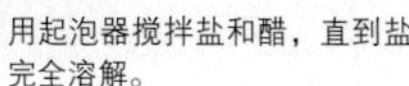

用起泡器搅拌盐和醋，直到盐完全溶解。

慢慢加入色拉油时，要持续搅拌，否则容易造成水油分离。

加入全部色拉油后，充分拌匀食材，颜色变为乳白色时就做好了。

重点：

银座三河屋的厨师会在做好的醋沙司中撒入洋葱碎、黑橄榄碎、芥末粉、酱油和糖（少量），这样味道更好。

做出美味酱汁的要点

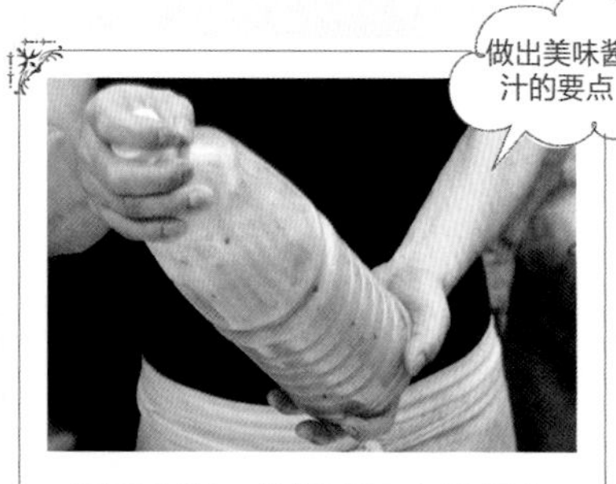

活用空瓶，做好后可直接保存

将所有食材全部倒入一个空瓶中，充分摇晃，就能快速做好醋沙司了。若保存一段时间后出现水油分离的状况，再摇一摇就可以继续使用了。

酱汁配方
06

酸辣调味沙司的
做法

用醋沙司就可以轻松制作出酸辣沙司了。酸辣调味沙司适合搭配奶酪生鱼片、墨鱼、鲍鱼等海鲜类菜肴。

食材（酱汁成品量约1杯）

醋沙司……约180 mL
洋葱碎……50 g
西式腌菜碎……25 g
刺山柑碎……5 g
西芹……1/2大匙

将所有食材加入大碗中，像搅拌蛋黄酱那样充分拌匀。

倒入醋沙司（做法参照前页）。

充分搅拌均匀，就完成了。

做出美味酱汁的要点

也适用于和食调味的酱汁

可根据个人喜好在醋沙司中加入适量酱油。这样的酸辣沙司不仅能搭配烤三文鱼等西餐，还能搭配凉拌豆腐和刺身等日式料理，非常百搭。

02

法国大厨的极致经典酱汁

\ 教授人 /

店长兼厨师长 **榊原大辅**

曾在法国各地学习西餐制作，2003年开始担任贤木餐厅的店长兼厨师长。追求在法餐的基础上不断创新料理。

香煎黄油酱

在黄油风味浓郁的酱汁中加入番茄、刺山柑、柠檬、柠檬汁等食材，能获得更加清爽的口感。黄油烧焦后会变苦，所以最好用小火煎制，以防烧焦。

法式黄油烤塔斯马尼亚三文鱼

重点：

榊原主厨：“香煎黄油酱配生牡蛎很好吃哦。”此外，这种酱汁也很适合搭配烤鸡。

蘑菇蔬菜肉酱

将香菇、蟹味菇、灰树花、鲜蘑等菌类煎熟，做成带着蘑菇鲜味的蔬菜肉酱。蔬菜肉酱可用买来的代替。

重点：

香味浓厚的蘑菇蔬菜肉酱适合搭配肉类料理，还可以搭配炸肉饼等油炸料理。

搭配创新酱汁，普通的西餐也能大变身

京桥的贤木餐厅在白天提供西餐，晚上提供法餐。前任店主在经营西餐厅的同时，还在商业街的店铺里推出了以炸虾、炸肉饼和汉堡肉为主菜的午间套餐，这样

炸虾

重点：

推荐搭配牛排和金枪鱼食用。酱汁的酸味和香气和蔬菜也很相配。

炸虾
原创塔塔酱

不用煮鸡蛋和油就不能做塔塔酱吗？榊原主厨的回答是否定的，他独创了一种塔塔酱的新式做法。以生奶油为基础，加入大量用醋煮过并切碎的薤和香草，就能做出味道清爽温润的塔塔酱。

贤木餐厅

东京都中央区京桥2-12-12
Sakaki 大厦1F
电话：03-3561-0512
营业时间：11:30—14:30、18:00—21:00
休息日：星期日、节日

的西餐套餐一下子吸引了食客们的目光。另一方面，到了晚上，餐厅又摇身一变成了法式餐厅。在这里可以品尝到灵活运用食材和酱汁，充满原创性的精致法餐。

精通法式料理的大厨会为我们制作西餐酱汁吗？当我们拜访到贤木餐厅主厨时，他说“晚间菜单中也有几种能搭配西餐的酱汁”，并且愿意为我们制作其中的3种。

被问到如何在家做出美味的酱汁时，餐厅主厨说：“比如在做汉堡肉时，保留煎肉饼后剩下的肉汁，并把它加到酱汁里，这样能最大限度地利用食材本身，做出更加美味的酱汁。”接下来，就让我们试试制作贤木餐厅的特制酱汁吧！

酱汁配方
07

原创塔塔酱的
做法

不用鸡蛋和蛋黄酱也能做成的创新塔塔酱。将生奶油搅打起泡后就能快速完成。

食材（容易制作的分量）

薤……5 g
细叶芹……2 g
香草……2 g
细香葱……3 g
西式腌菜（切碎）……20 g
刺山柑……25～30 g
芥末……18 g
生奶油……120 g
雪利醋……15 g

将香草切碎。

将香草和细香葱拢在一起切碎。

用刀背将刺山柑压碎。

将刺山柑切碎后，再用刀背或叉子进一步压碎。这个手法能使酱汁成品更加细滑。

将薤放入雪利醋中加热。

在锅中加入薤和雪利醋，小火慢煮，使醋的酸味渗入薤中，持续加热至水分全部挥发（如右图）。

在大碗中加入生奶油，用冰水制冷的同时搅拌。

搅打至奶油尖可以立起。

加入芥末，轻轻搅拌的同时加入薤、刺山柑和西式腌菜，继续轻轻搅拌。

加入碾碎的香草。

搅拌时尽量轻柔。大力搅拌容易使生奶油分层。

重点：

放入冰箱冷藏可保存一天，要尽快食用

剩下的酱汁可以放进冰箱冷藏一天左右，时间过长会造成奶油分层，要尽快食用。

酱汁配方
08

蘑菇蔬菜肉酱的做法

香菇碎切得块稍大些口感更好！蘑菇充分入味后再香煎，能锁住食材的鲜味。

食材（容易制作的分量）

杏鲍菇……2根
蟹味菇……30 g
灰树花……30 g
鲜蘑……30 g
香菇……2个
薤（切碎）……1大匙
培根……10 g
红酒……40 g
蔬菜肉酱……50 g
生奶油……1.5大匙
黄油……10 g

做出美味酱汁的要点

用手撕碎香菇、杏鲍菇

用手将香菇、杏鲍菇和灰树花撕成大块能使其更易入味。将口蘑切成圆片，并将蟹味菇的梗切掉。

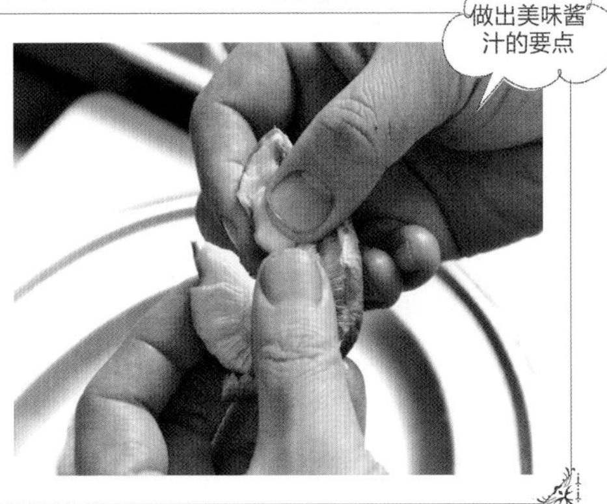

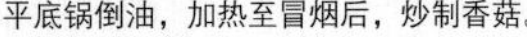

平底锅倒油，加热至冒烟后，炒制香菇。

加一小撮盐，再用大火炒制。早点加盐可去除蘑菇内多余的水分，激发蘑菇本身的味道。

重点：

一定要大火将蘑菇煎透！

炒制蘑菇的时间一定要短。大火炒制2分钟左右，直至蘑菇变成茶色。

加入薤、培根碎和黄油，继续炒制。

培根炒出油后加入红酒，煮至水分全部蒸发。

05

转小火，加入蔬菜肉酱，可用买来的替代。

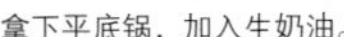

拿下平底锅，加入生奶油。

加入黄油，黄油熔化后就完成了。

酱汁配方
09

香煎黄油酱的
做法

黄油香和柠檬酸的完美调和。经常被用来搭配蔬菜和烤海鲜等清淡的菜肴。

食材（容易制作的分量）

刺山柑……1小匙
番茄……1小匙
大蒜末……1小匙
柠檬果肉……1小匙
黄油……50 g
西芹碎……1.5小匙
酱油……2 g

01

在预热后的平底锅中放入黄油，使其熔化。

重点：

加热黄油的时间

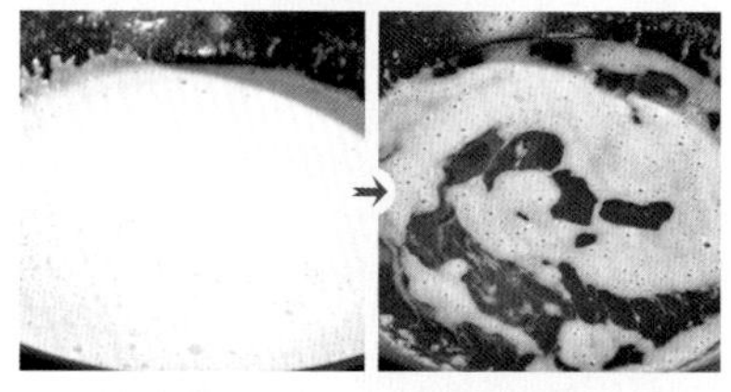

黄油在刚受热时会起泡，但充分受热后气泡就会消失。在这时加入大蒜末是最合适的。

做出美味酱汁的要点

柠檬的切法

将柠檬的两头切掉，再按照图中做法将皮削掉，露出果肉，皮留下备用。

将刀插入柠檬瓣的薄皮间，取出果肉。

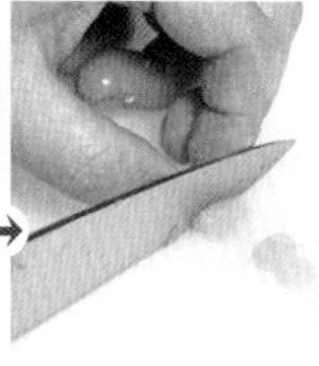

将果肉切成1 cm大小的块。

法式黄油烤鱼的酱汁做法
用色拉油香煎三文鱼，在三文鱼表面变色时加入黄油。
黄油的泡沫消失时加入大蒜末和刺山柑。
边煎边用勺子将黄油淋在三文鱼上。
快速将平底锅拿下炉灶，加入番茄和柠檬果肉，并挤压出柠檬汁。

将黄油和大蒜末翻炒均匀，加热至变成茶色。

大蒜末上色后加入番茄、刺山柑和柠檬。

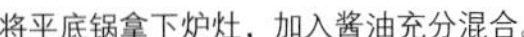

将平底锅拿下炉灶，加入酱油充分混合。

挤压最初留下的柠檬皮。柠檬汁有给酱汁降温的功效。

03

制作伍斯特酱，最重要的是各种味道的均匀调和

\ 教授人 /

调理部 杉本良明

调理部负责燕子餐厅所有店铺的菜单开发，其宗旨是“追求放心和美味”。

公司资料

Tubame股份公司
东京都港区港南3-2-9
电话：03-5461-8211

伍斯特酱

燕子餐厅的伍斯特酱中除了香味浓郁的蔬菜、辣椒、调料等，还加入了海带、小鱼干和泡发的干香菇。做完后放置2周，可使味道更加温和，更加美味。

能品尝到自制伍斯特酱的餐厅 GRILL1930 燕子餐厅

这家餐厅不仅有“牛汉堡肉”“洋白菜卷配蔬菜牛肉浓汤”等经典菜肴，还会在冬季提供限定炸猪排和炸牡蛎。油炸料理和酱汁的精妙搭配能最大限度地激发出食材的美味，请大家一定要来尝一尝。

餐厅坐落在车站直通的商场里。店内的黑板上会标明牛肉和蔬菜的生产者。这家餐厅对食品安全的注重让人印象深刻。

东京都台东区上野7-1-1艾商城（Atore）上野复古（Retoro）馆 2层 电话：03-5826-5809
营业时间：11:00—23:00
休息日：与鲁米内（Lumine）的休息日一致
除了这家店以外，还有鲁米内北千住店、鲁米内町田店等分店

浓缩了食材鲜味的自制伍斯特酱

伍斯特酱是炸肉排和炸肉饼等油炸料理中不可或缺的酱汁。原材料有蔬菜、水果、酱油、砂糖、醋、盐等，还有肉桂油和肉豆蔻等多种香辛料。使用多种食材制成的伍斯特酱集酸味、辣味、甜味、鲜味等多种味道于一身，风味非常独特。

在首都圈内拥有“燕子餐厅”等24家店铺的Tsubame股份公司秉持着“为顾客提供安心、美味的料理”的思想，店铺中的所有料理都是在本公司的中心厨房制作而成的，在GRILLI930 燕子餐厅上提供的伍斯特酱也是本公司制作的。Isubame 股份公司充分研究了市面上的伍斯特酱，经过无数次尝试和改良后开发出了具有独创性的伍斯特酱，酱汁的辣味充分凸显了食材的鲜味和甜味。使用符合日本人口味的海带、小鱼干和泡发的香菇等日式食材也是一大亮点，因此，这种酱汁和白米饭也十分搭配。来品尝一下这家餐厅与众不同的伍斯特酱吧。

重点：

将制作好的伍斯特酱浇在猪排上，但注意不能让酱汁把猪排泡得太软。

酱汁配方
10

伍斯特酱的
做法

原材料都非常容易买到，只要家里有料理机就可以轻松做出的伍斯特酱。做一次可冷藏保存一个月。

食材（成品酱汁重量约2.8 kg）

Ⓐ
- 番茄（切丁）……1 kg
- 水……1 L
- 芹菜（切片）……170 g
- 洋葱（切片）……250 g
- 胡萝卜（切片）……250 g
- 大蒜（切片）……33 g
- 生姜（切片）……85 g
- 海带……8 g
- 小鱼干……4 g
- 泡发的干香菇……8 g

Ⓑ
- 黑胡椒……8 g
- 朝天椒……3根
- 月桂……5枚
- 肉桂棒……3根
- 公丁香……17朵
- 花椒粉……2 g
- 肉豆蔻粉……2 g
- 百里香粉……2 g
- 鼠尾草粉……2 g

Ⓒ
- 酱油……500 mL
- 砂糖……430 g
- 醋……420 mL
- 盐……70 g
- 苹果……330 g

01 将A中的材料放入锅内，小火慢炖一个半小时，能够有效去除食材中的苦味。

02 煮一个半小时后的样子。

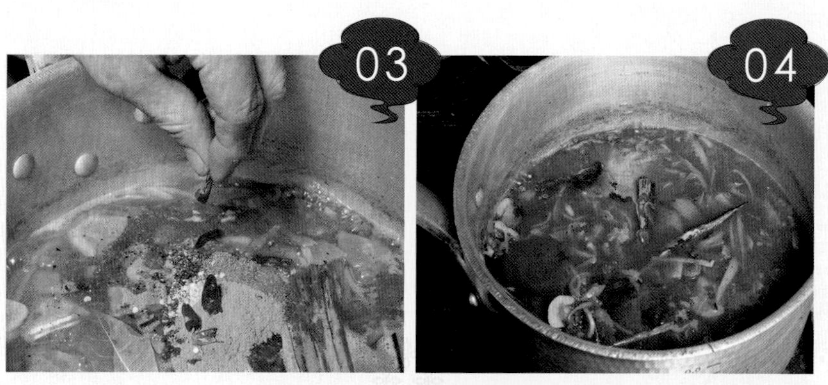

加入 B 中的材料，再用小火煮30分钟。把朝天椒从中间折断，取出辣椒籽再加进锅里，煮到食材软烂（如图4）。

关火，将食材放入榨汁机中。持续搅打至食材变成细腻的糊状。

用过滤器过滤后，倒回锅中。

将去核去皮的苹果和 C 中的酱油，放入料理机中打碎。将打碎的苹果和 C 中的调料全部加入锅内，煮10分钟。

用孔更细的过滤网（筛子也可）过滤。用长柄勺挤压，能过滤出更多的汤汁。

放入密闭容器，可冷藏保存一个月。放置两周后，味道会变得更加温和。

重点：

仔细撇去浮沫，可去除杂味

最后煮制的过程中，仔细撇去浮沫可去除酱汁中的杂味，使味道更加纯正。

【第二章】

经典西餐的基础知识

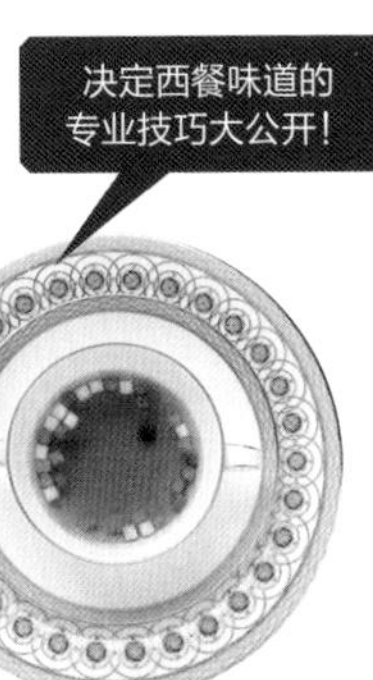

决定西餐味道的
专业技巧大公开！

图解全过程

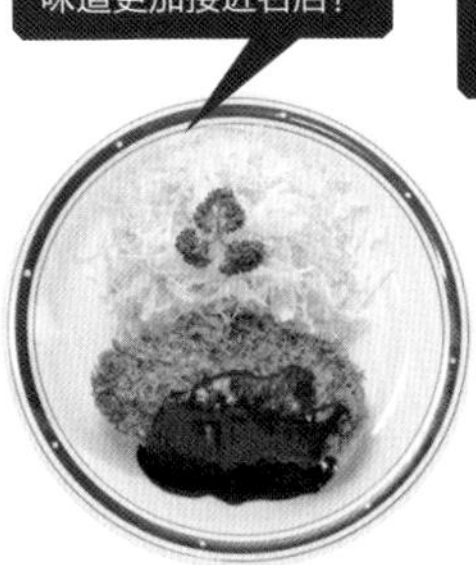

抓住重点，让料理的
味道更加接近名店！

在家也能做出
餐厅的味道！

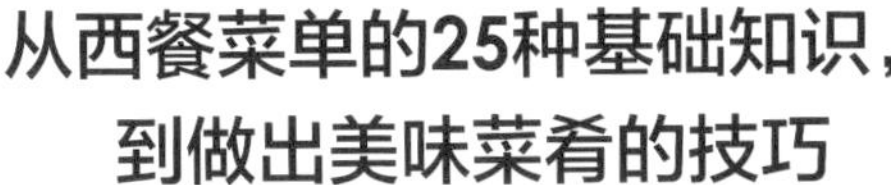

从西餐菜单的25种基础知识，
到做出美味菜肴的技巧

跟随名厨学习

在店里才能吃到的
专业西餐

从汉堡肉到可乐饼、奶酪焗菜、杂烩饭、生姜烧猪肉

名店主厨直接传授的秘籍大公开！
有了这个，在家也能重现专业级的美味！！

照片：浅叶美穗/伊东武志/内田年泰/大冢期惠/大森裕之/桑山章/
作田祥一/平野爱/深泽慎平
文：石井亚矢子/乙黑亚希子/木村悦子/权圣美/水上万里子/编辑部

各个年龄段都喜欢的经典西餐

汉堡肉

Hamburg

汉堡肉是代表性的日本家庭料理，
是日本人餐桌上不可或缺的经典菜肴。

贴近平民生活的汉堡肉

在炒肉馅和洋葱中，加入增稠用面包粉、鸡蛋、调料等，揉成椭圆形或圆形后煎熟，这道经典西餐就做好了。

据说汉堡肉起源于德国的汉堡，但日本人在此基础上进行了很多改良，因此这道菜可以算是日本独创的料理了。1960年，日本正经历高度经济增长期，营养丰富的畜肉价格较高，于是以价格低廉的肉馅为主料的汉堡肉就迅速流行了起来。随着速食汉堡肉和家庭餐厅的出现，汉堡肉逐渐变得更加贴近平民生活。

汉堡肉的酱汁和配料种类丰富，其本身也分番茄风味的意大利式汉堡肉、搭配萝卜泥食用的日式汉堡肉和用蔬菜肉酱煮制而成的炖汉堡肉。

三浦亭西餐厅虽然只由一人经营，但店中的西餐非常精致、正宗。客人下单后，才将汉堡肉捏成型，放入烤箱烤熟。三浦主厨说："越是简单的菜肴，就越要用心去做，这样才能让它更美味。"

历史

"汉堡肉"名字的由来

据说汉堡肉的原型出现于18世纪的德国汉堡，人们把人气菜肴塔塔牛肉煎熟后就有了汉堡肉。德系移民将这道菜带入美国大陆后，这道菜就有了一个新名字"汉堡风牛排"。没有明确的记录表明汉堡肉是何时、从哪里被传入日本的。但是，明治的文明开化时期，餐厅中就有名为"德式牛排"和"肉馅饼"的菜肴了。

【 教授人 】

三浦亭西餐厅

店主兼主厨三浦美千夫先生

曾在多家酒店和餐厅学习，于2003年开始独立经营店铺。他在店里的开放式厨房做菜的样子令人赏心悦目。

三浦亭西餐厅

东京都练马区关町北2-33-8
电话：03-3929-1919
营业时间：11:30—15:00
（最后点单时间14:30）
17:30—22:00（最后点单时间21:30）
根据情况，有时会提前闭店
休息日：星期二、隔周星期一
可能有临时休息

外焦里嫩

用平底锅煎时，先将表面煎至变硬，再盖上锅盖焖烧，这样做出来的汉堡肉外焦里嫩，且表面会有微微烧焦的颜色。

汉堡肉可搭配多种酱汁

汉堡肉可搭配多种酱汁食用，比如蔬菜肉酱、番茄酱、奶油酱和日式酱汁等。其中最受食客们欢迎的是三浦亭西餐耗时两周煮出来的蔬菜肉酱。

决定味道的关键

汉堡肉的定型

定型是决定汉堡肉是否美味的关键因素之一。在制作时要持续揉捏肉饼直至产生黏性。此外，不马上煎制的肉饼，一定要放入冰箱内冷藏。放在室温中，肉饼的新鲜度会下降，从而影响味道。

汉堡肉的原材料

Ingredients of Hamburg

牛奶

鸡蛋

生面包粉

洋葱

猪肉馅

牛肉馅

三浦亭西餐厅不使用现成的混合肉馅，而是自己将牛肉馅和猪肉馅以2∶1的比例进行混合。肉豆蔻可以消除肉腥味，加入番茄酱和中浓酱可使味道更柔和。

肉豆蔻

中浓酱

番茄酱

三浦亭西餐厅的

汉堡肉做法

三浦亭西餐厅一般用烤箱烤制汉堡肉。
在这里向大家介绍用平底锅就能做的美味汉堡肉！

1

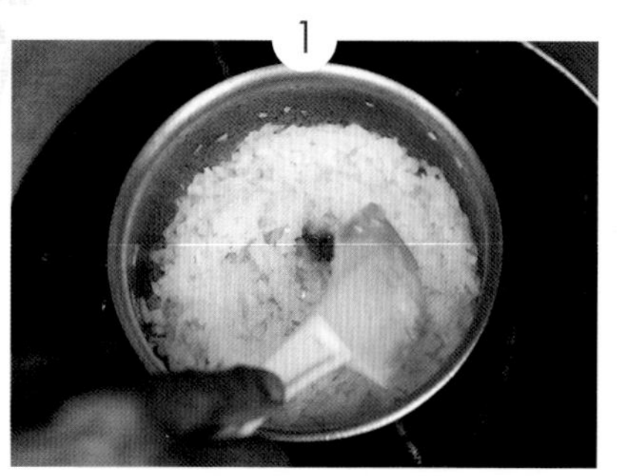

稍微炒一下洋葱碎。

2

将炒过的洋葱碎和上一页中的食材加入大碗中拌匀。

3

加入猪肉馅，抓匀。

4

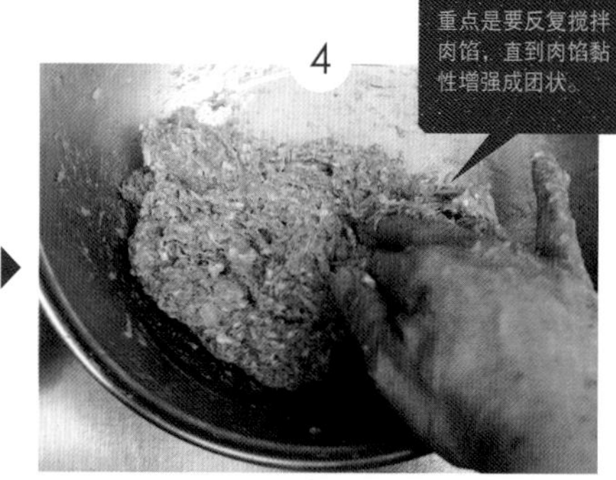

重点是要反复搅拌肉馅，直到肉馅黏性增强成团状。

加入牛肉馅，抓至肉馅出现黏性。

这样做，味道更专业

小贴士

请注意

排出肉饼中的空气，使其更加多汁

肉饼成型后，用手按压至表面没有裂缝并排出其中的空气。这样做能使汉堡肉更加多汁。表面有裂缝的话，在煎制的过程中肉汁会流出，美味减半。

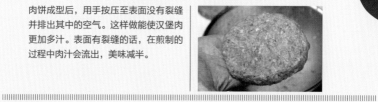

食材（4人量）

牛肉馅……400 g
猪肉馅……200 g
洋葱（切碎）……1/2个
色拉油……适量
生面包粉……40 g
鸡蛋（打散）……1/2个
番茄酱……30 g
中浓酱……10 g

Ⓐ
牛奶……10 g
肉豆蔻……少量
黑胡椒……少量
盐……少量

5

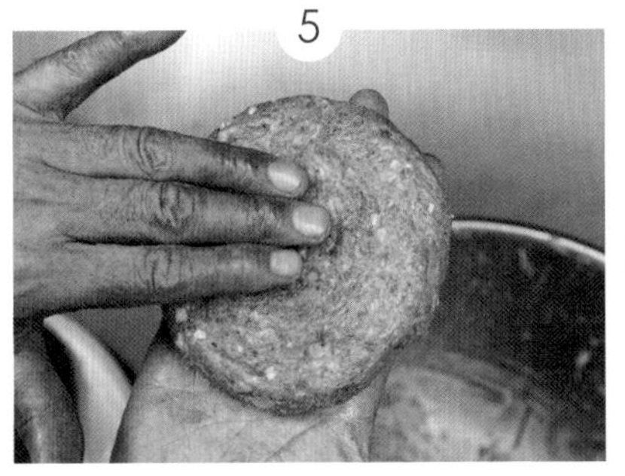

将肉馅四等分，手上蘸水拍打出肉饼中的空气，捏成表面没有缝隙的椭圆形，中心稍微凹陷。

6

平底锅烧热色拉油，将肉饼放入，中火煎制，两面都煎至上色后，来回翻面煎制。

7

盖上锅盖焖烧。焖的过程中多次确认防止烧煳。

8

轻轻按压汉堡肉，肉饼有弹性且柔软即完成。

肉汁迸溅的声音消失，且肉汁变清澈时，汉堡肉就要做好了。

在家就能制作的简易酱汁

没有蔬菜肉酱的话，可以尝试制作这种快手酱汁。
使用煎汉堡肉剩下的肉汁就能做出的美味酱汁！

食材

煎汉堡肉之后的肉汁
番茄酱……适量
中浓酱……适量
黄油……依个人喜好适量

用厨房纸擦掉锅中煎汉堡肉留下的焦痕，加入少量水。

将比例为1：1的番茄酱和中浓酱混合。

按个人喜好加入黄油（加点酱油也很美味）

柔软的牛肉和蔬菜肉酱是绝配

炖牛肉

Beef Stew

西餐中独特的一道菜——炖牛肉。
柔软的牛肉和蔬菜肉酱的完美搭配。

长时间炖煮牛肉和蔬菜做成的茶色炖菜

“炖菜”（stew）是用清汤长时间炖煮肉和蔬菜做成的料理。在英语中，这个词不只指炖菜，也指小火炖煮食材这一动作。在日本，提到炖菜，多数人会想到奶油炖菜。但很少有人知道，日本的奶油炖菜就是由炖牛肉衍生而来的。

炖牛肉以棕色酱汁和蔬菜肉酱为基础，加入牛肉，洋葱、胡萝卜等香气浓郁的蔬菜以及红酒等炖煮而成，是一道经典西餐。牛肉多选用小腿肉和肋条肉，但也有以牛舌为主料的炖牛舌。炖牛肉在很多时候被当作西餐的主盘，用刀叉食用。

在家做蔬菜肉酱时，很难坚持炖煮好几天。因此，多数情况下我们可以选用市面上的蔬菜肉酱。严选西餐樱井家的长谷山光则厨师长说：“将其他食材与罐装蔬菜肉酱一起炖煮后，能去除其罐头独有的味道，更加美味”。

历史

出现于明治初期的餐厅

炖菜的历史可追溯到500年前的西欧。在当时，人们吊起巨大的金属锅来制作炖菜。那时候虽然还没有“炖菜”（stew）这一菜名，但这确实是这道料理的起源了。日本没有关于炖菜何时传入的历史记录，但据说日本的餐厅是从明治初期开始向顾客提供这一料理的。到了明治末期，女性杂志中也开始刊登炖菜的相关食谱了。

【 教授人 】

严选西餐樱井家（sakurai）

厨师长 长谷山光则

严选西餐樱井家是一家经常座无虚席的人气餐厅。长谷山先生自2000年开业以来就一直担任厨师长，以能赋予经典西餐以现状的表现形式而闻名。

严选西餐樱井家

东京都文京区汤岛3-40-7 7F
电话：03-3836-9357
营业时间：11:30—15:00（最后点单时间14:30）
17:30—22:45（最后点单时间22:00）
星期六11:30—22:45（最后点单时间22:00）星期日、节日11:30—21:45（最后点单时间21:00）
休息日：无

酱汁的基础是蔬菜肉酱

有时也将蔬菜肉酱和棕色酱汁（小麦粉及黄油炒制而成）搭配使用。严选西餐樱井家的厨师不用小麦粉，而是使用香气浓郁的蔬菜和水果等食材给酱汁增稠。

入口即化的柔软炖牛肉

一般餐厅都使用牛小腿肉和肋条肉制作炖牛肉。但严选西餐樱井家选用的是牛侧腹肉。先通过煎制锁住肉的鲜味，再将肉慢慢炖至软烂。

严选西餐樱井家

严选西餐樱井家用鸡汤炖煮20 kg洋葱，再将其跟牛高汤、肉汤、香气浓郁的蔬菜、红酒、水果等一起炖煮，耗时约两周。加入水果，会使酱汁带有恰好的酸味。

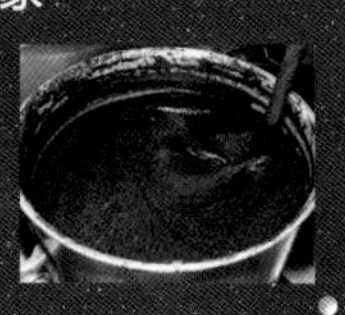

炖牛肉的原材料

Ingredients of Hamburg

蔬菜肉酱

慢炖香气浓郁的蔬菜、水果、牛高汤和红酒做成的酱汁。

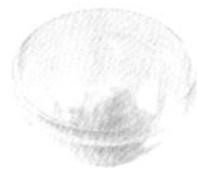

黄油

做好时，按照个人喜好浇上适量黄油，能使味道更加柔和。

红酒

烧肉时加入红酒调味，能使菜肴更具风味。

香气浓郁的蔬菜

煮肉时，放入蔬菜一起煮制，能让二者的味道充分融合。

牛肋条肉

选择成块的牛肉。切成大块，并用风筝线系住，防止肉被炖碎。

严选西餐樱井家的

炖牛肉的做法

从蔬菜肉酱做起实在是太烦琐了，
用商店里卖的蔬菜肉酱也能做出美味的炖牛肉。

1

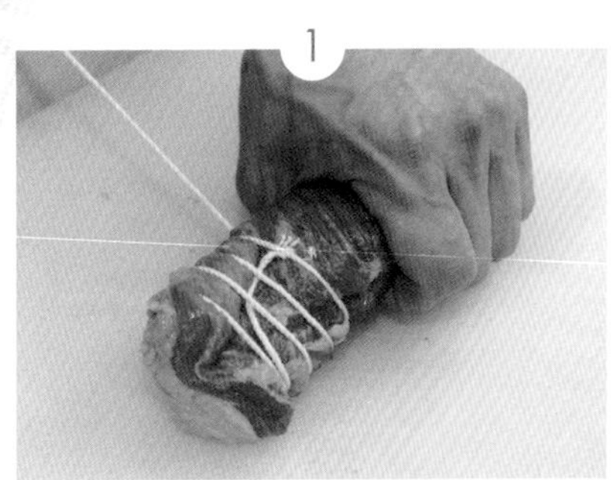

将牛肋条肉切成适当大小，用风筝线系住。

2

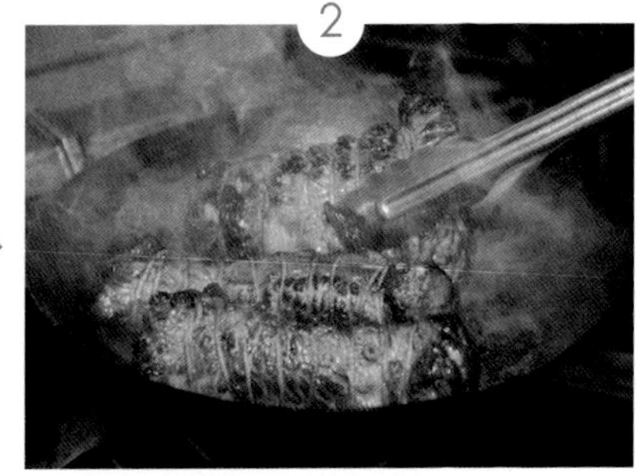

平底锅烧热油，将牛肉放入上色。

3

在锅内加入切成块的蔬菜、200 mL红酒和适量水。

4

将步骤2中的牛肉加入步骤3中，加足水，炖煮3～4小时，直到肉变软烂（高压锅1小时左右）。

这样做，味道更专业

小贴士

请注意

将肉系住，炒至上色再炖

牛肉在口中融化的一瞬间是最令人享受的。要做出软烂的牛肉，需要用风筝线将肉系住再煮，这样能够防止肉被煮碎。先将被系住的肉煎一下，可以锁住肉的鲜味。

食材（4人量）

牛肋条肉（块）……500 g
香气浓郁的蔬菜
（胡萝卜1/2根、洋葱1/2个、芹菜1/4根、西芹少量）
红酒……300 mL
鸡汤（买来的也可）……200 mL
色拉油……适量
蔬菜肉酱……800 mL
黄油……适量
胡椒……少量

5

锅中加入红酒和切好的步骤4中的牛肉，煮至酒精挥发。

6

加入鸡汤和蔬菜肉酱。快好时加入黄油，最后加上胡椒。也可按个人喜好再添加适量红酒。

在家就能做的简单酱汁

在蔬菜肉酱罐头中加入蔬菜、鸡汤，可使蔬菜肉酱的香味更加浓郁，还能去除罐头特有的味道。

食材

蔬菜肉酱（罐头）……1罐
胡萝卜……1/2根
洋葱……1/2个
芹菜……1/4根
番茄……1/2个
红酒……100 mL
牛肉汤粉（买来的也可）……10 g

1

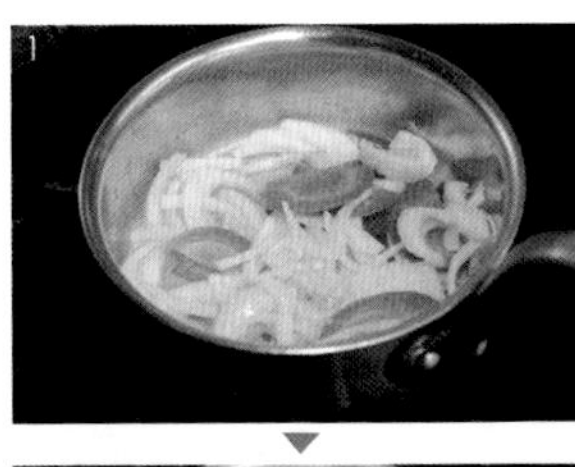
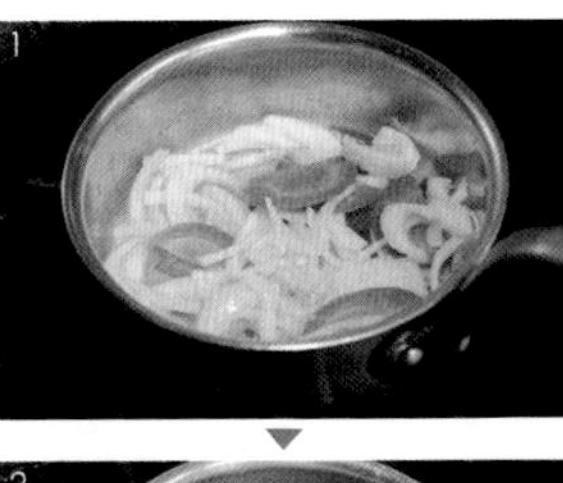

黄油放入锅中熔化，加入切块的胡萝卜、洋葱、芹菜，小火炒30分钟。

2

加入红酒调味，煮至酒精挥发，再加入切块的番茄。

3

加入蔬菜肉酱罐头和牛肉汤粉。小火煮5分钟，完全融合后关火冷却。

4

放入料理机中打碎，并用过滤网过滤。

放置1天能使酱汁味道更加浓郁。

还原肉本身味道的经典菜肴

牛排

Beefsteak

西餐厅的基础料理——牛排。来开业30年的专业牛排餐厅和比鸥牛排学习牛排和酱汁的做法吧。

牛排多使用牛外脊肉和脂肪均匀美味的里脊肉

基本的制作方法是用盐和胡椒腌制厚度适当的牛肉，然后用铁板或平底锅煎熟。但是，做法越是简单就越考验对肉的选择和保存。对牛排的调味方法和烧制方法都体现着一家餐厅的水平和特点。

肉的煎法分为嫩煎（稍煎肉的两面，锁住肉的鲜味，接近于生肉）、三分熟煎（比嫩煎火候稍大）、半熟煎（将肉由外至内煎至半熟）、全熟煎（煎至肉内不留红色），可根据自身喜好选择。制作过程中最重要的就是把握火候。

历史

外国传来的肉食文化

1700多年前，牛排起源于喜食烤牛肉的英国。关于牛排名字的由来，有很多种说法。其中的一种认为牛排（bifteck）这一单词是烤牛肉排（beef steak）的简称。还有一种最有力的说法是，当时，法国有着和英国一样的饮食文化，法语中的“bifteck”流传到日本，在日语中就被称为了牛排（bifuteki）。在古代，牛肉曾被用作滋养身体的药材，十分珍贵。

要选择脂肪较多的牛肉。煎牛排剩下的肉汁中浓缩了肉的鲜味，用它能做出非常美味的酱汁。在烧热的平底锅中加入红酒、黄油、盐和胡椒来制作酱汁。

【 教授人 】

和比鸥牛排（Hibio）

厨师　江崎新一

曾在大阪的多家西餐厅学习，拥有20多年的西餐经验。他说：“在家做牛排时，可以试试用上一顿剩下的蔬菜做搭配。”

和比鸥牛排

大阪府大阪市北区天神桥4-6-19
电话：06-6352-7013
营业时间：11:00—15:30、17:30—21:00
（最后点单时间21:00）
休息日：无

牛排最好的搭档——黄油酱

和比鸥主要用黄油酱来搭配牛排。黄油酱是一种万能酱汁，不只适用于肉类料理，也适用于鱼料理。黄油具有能让价格便宜的肉变美味的魔法。

摆盘时，先用铁板煎的那面应朝上放置

先煎抹过盐和胡椒的那面，这一面最终会成为牛排的门面。上色是否漂亮决定了它的卖相。

决定味道的关键

黄油酱

做法非常简单。混合1大匙黄油、1/2匙芹菜、1/3小匙西洋鲍鱼、1小匙柠檬浓缩汁、1小撮盐、少量胡椒就做好了。将柠檬片放置在牛排上，并将适量黄油酱淋在柠檬片上。

牛排的原材料

Ingredients of Beefsteak

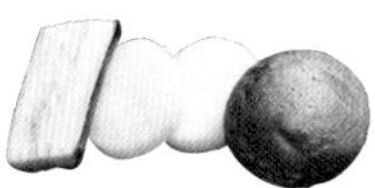

配菜

选择应季时蔬作为配菜。推荐使用肉质肥厚的蔬菜，如香菇、茄子和洋葱等。

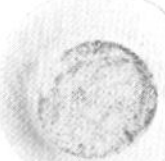

盐·胡椒

餐厅一般会使用现成的胡椒盐。在家时可用比例为5：1的盐和胡椒来调制。

牛外脊肉

和比鸥餐厅偶尔会为顾客提供品牌和牛。细腻且分布均匀的脂肪仿佛在诉说着牛肉的美味。

和比鸥餐厅的

牛排制作方法

在这里向大家介绍在家也能做的美味牛排。
将肉从冰箱里拿出来后先放置15分钟。

用平底锅煎牛排时，在先煎那面涂上黄油，这样在煎的时候更容易上色，味道也更好。

1

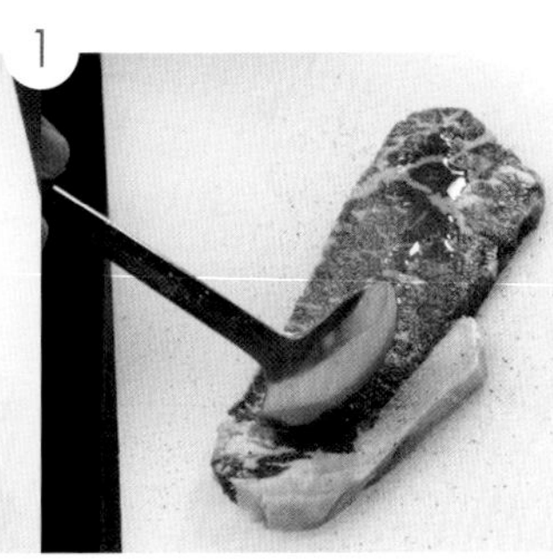

取牛排200 g，撒上事先调好的胡椒盐。

煎时，用筷子按压牛排的脂肪部分，使其出现裂缝，并来回翻转牛排，小火煎制。

2

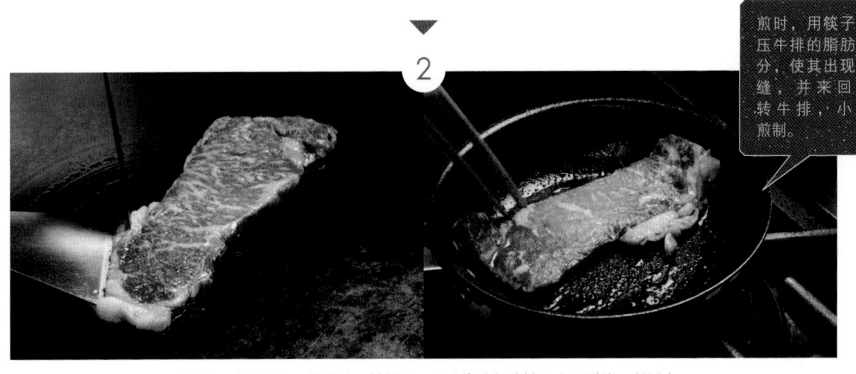

在铁板上涂少量盐，将肉移至铁板上。因为脂肪部分被压出了裂缝，所以牛排更加容易均匀受热。煎制一面的时间约为45秒。

这样做，味道更专业

小贴士

请注意

用大蒜酱油给牛排加味吧

在吃前浇上大蒜酱油，能使牛排更加美味。在200 mL酱油中加入一粒大蒜（切成适当大小）放入冰箱储存1~2天即可食用。储存时间过长会使酱油失去鲜味，最好尽早食用。

食材（1人份）

牛排用牛肉（外脊肉）……150～200 g
胡椒盐、大粒胡椒碎……适量
色拉油……适量
时蔬（配菜）
（茄子、土豆、香菇、秋葵、洋葱等）

3

继续煎反面约15秒。

4

关火，利用余热将牛排加热至五分熟。想吃全熟牛排的话就再煎几秒。如果煎的时间过长，牛肉会变硬，所以要善于利用关火后的余热。五分熟牛排的切开面如图。

5

装盘并撒上胡椒碎调味。放入炒过的蔬菜摆盘。

6

放入配菜后，摆盘颜色更加鲜明诱人。

酥脆口感带来幸福的享受

可乐饼

Croquette

酥脆的外皮包裹着土豆和奶油等多种食材，
可乐饼是深受男女老少喜爱的经典家常菜之一。

法国的“炸肉饼”和日本的“可乐饼”

把肉和海鲜用白沙司拌匀，加入肉馅和煮到软烂的土豆，搅拌后捏成圆形或椭圆形，再裹上一层面包糠，下锅油炸，美味的可乐饼就做好了。根据内馅的不同，可乐饼分为土豆可乐饼、肉馅可乐饼和奶油可乐饼等。

明治初期就出现在日本人餐桌上的可乐饼起源于哪里呢？最有力的说法是起源于法国。这道菜在法语中的名称——炸肉饼传到日本后，逐渐演变成了发音相似的“可乐饼”。资生堂西餐厅于1902年开业，1913年，可乐饼出现在了该餐厅的菜单上。当时的菜名是：法国的流行菜“炸肉饼”。这道菜色香味俱全，很快得到了食客们的青睐，时至今日，那不变的口感依然为大众所喜爱。资生堂西餐厅的主厨座间胜说：“肉馅可乐饼是历代厨师传承下来的招牌菜品。对我们餐厅来说非常重要。”

资生堂西餐厅的可乐饼在制作时不加土豆，而是用贝夏美酱煮制小牛肉和火腿，裹上面包糠后再炸制，内心嫩滑流浆，外表焦黄酥脆。

下面就向大家介绍这道可乐饼的做法。

历史

大正时期的流行歌曲《可乐饼之歌》

没有记载表明可乐饼什么时候出现在日本人的餐桌上的。但最早记录可乐饼制作方法的文献出现于明治初期。这篇文献中记载了现在的可乐饼制作方法，只是在当时这道菜肴还不叫“可乐饼”，这个名称是到了明治中期才出现的。从明治时代到大正时代，可乐饼逐渐普及至一般家庭。甚至到了大正六年（1917年），一首名为《可乐饼之歌》的歌曲都在坊间流行了起来。

【 教授人 】

资生堂西餐厅

总厨师长 座间胜

资生堂西餐厅于1928年增设了正式的餐厅部门。座间先生于2010年就任厨师长后，始终坚持继承传统，推陈出新。

资生堂西餐厅　银座本店

东京都中央区银座8-8-3
东京都银座资生堂大楼4·5层
03-5537-6241
营业时间：餐厅11:30—21:30
（最后点单时间20:30）
休息日：星期一（节假日营业）

高级的焦黄色外皮

资生堂西餐厅的厨师将捏好的肉饼按顺序裹上小麦粉、蛋液和面包糠后再进行炸制。将可乐饼油炸上色后，再放入烤箱，使外皮和内馅实现完美的调和。

凸显可乐饼美味的酱汁

搭配可乐饼的酱汁有蔬菜肉酱、塔塔酱等很多种。资生堂西餐厅的可乐饼的人气秘诀是能完美搭配贝夏美酱的番茄汁。

决定味道的关键

制作可乐饼的原材料

根据原材料的不同，可以做出很多种可乐饼。资生堂西餐厅的可乐饼口感嫩滑多浆的秘诀是贝夏美酱。将火腿和小牛肉细细切碎，再拌上酱汁，这样能使可乐饼的口感更好。

可乐饼的原材料

Ingredients of Croquette

小麦粉

月桂

面包糠

洋葱

火腿

小牛肉（和香气浓郁的蔬菜一起煮制）

应选用颗粒较细的面包糠。在包裹肉饼的蛋液中掺入小麦粉，炸出的口感更酥脆。

牛奶

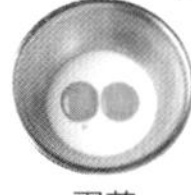

蛋黄

蛋液

资生堂西餐厅的

肉馅可乐饼做法

在这里向大家介绍资生堂西餐厅的经典可乐饼做法。制作的要点是在不影响肉的口感的前提下将其和贝夏美酱混合。

1

将大块的小牛肉加盐加水煮制。仔细撇去浮沫，加入切成薄片的洋葱、胡萝卜、西芹茎和月桂叶，继续边煮制边撇去浮沫，直到能用筷子轻松扎透牛肉为止。将煮好的牛肉切成5 mm见方的小块。

2

另起一锅，加热30 g贝夏美酱，再加入小麦粉，中火炒至小麦粉完全融于酱汁后，将锅拿下炉灶。

3

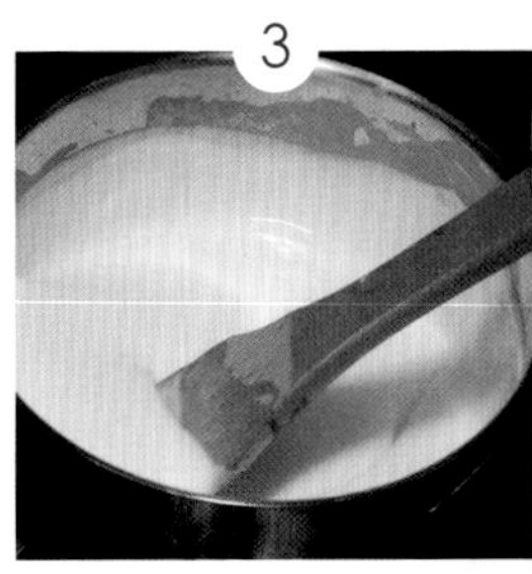

加入温牛奶，开火并均匀搅拌，直到呈奶油状。继续小火加热使其保持沸腾状态，仔细搅拌10分钟。

4

另起一锅，加热1大匙黄油，加入洋葱碎，中火炒制。

5

洋葱均匀受热后，加入步骤1中的小牛肉和切成5 mm见方的火腿，继续炒制，注意不要将肉炒碎。

6

加入步骤3中的贝夏美酱，撒入月桂、盐和胡椒，小火煮透。

这样做，味道更专业

小贴士

请注意

油炸后再用烤箱烤

先裹上面衣，炸至上色，再放入烤箱烤制，这么做能使可乐饼内心嫩滑流浆，外层酥脆可口， 两种口感的完美结合让人食指大动。

7
加入鸡蛋能使可乐饼的内馅更加黏稠易成型。
8

将锅拿下炉灶，挑出月桂叶，慢慢加入鸡蛋黄和牛奶的混合物，在不搅碎肉块的情况下充分搅拌。

装入方底平盘并充分冷却。

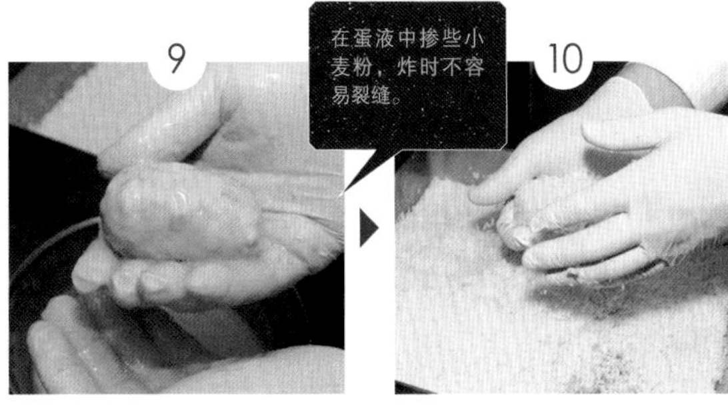

9
在蛋液中掺些小麦粉，炸时不容易裂缝。
10

手上蘸色拉油，将8捏成椭圆形，挂上小麦粉后，再裹上掺了小麦粉的蛋液。

裹上面包糠。

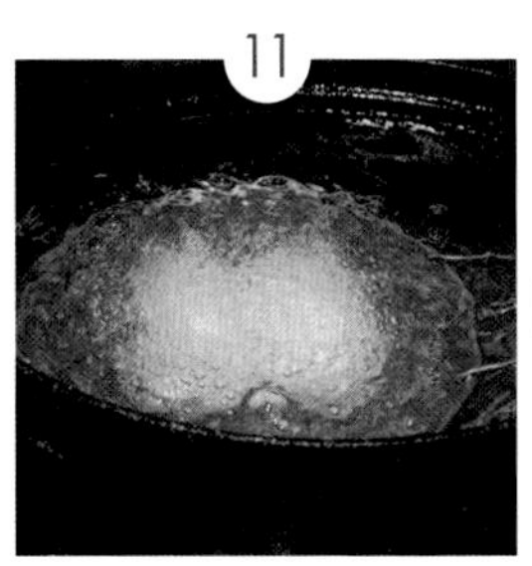

放入约170度的油中炸制。

炸至上色后捞出，控干油分，放入烤箱，中温烤制。烤至膨胀快要爆开的时候，可乐饼就做好了。

食材（4人份）

小牛肉（块）……500 g
香气浓郁的蔬菜
（洋葱……1个
胡萝卜……1根
西芹梗……3根）
月桂叶……1片
盐……少量
火腿……100 g
洋葱碎……200 g
黄油……1大匙

贝夏美酱
小麦粉……40 g
黄油……30 g
牛奶……400 mL
蛋黄（加少量牛奶）……2个
月桂叶……1片
盐……1小匙
胡椒……少量

炸衣
小麦粉、蛋液、面包糠
……各适量
色拉油……适量
煎炸油……适量

浓郁黏稠的酱汁是重点

奶酪焗菜

Gratin

奶油般的贝夏美酱是奶酪焗菜的点睛之笔，在还冒着热气时入口的瞬间，就被其柔和的味道所折服。

奶酪焗菜是烤箱料理的代表

日本的奶酪焗菜，一般是将贝夏美酱和海鲜、肉、蔬菜、通心粉等混合，铺上奶酪，放在烤盘里用烤箱烤熟。柔软的口感和浓厚的贝夏美酱是其精华所在。

于昭和六年（1931年）开业的西餐老店泰明轩从很久以前就开始为顾客提供奶酪焗通心粉。这充满怀旧气息的菜肴得到了许多人的喜爱，成为店里的人气菜品。不同于一般的做法，菜肴中的贝夏美酱是使用高筋面粉制作而成的，这样能使酱汁更加黏稠浓郁。除此之外，用公丁香和藏红花去除牛奶的腥味也是这家餐厅的一大秘诀。泰明轩的第三代主厨茂出木浩司说："让奶酪焗菜更美味的秘诀是贝夏美酱。做法看起来有些难，但开始做后又发现其实意外的简单。贝夏美酱也能用在白色炖菜中，所以一次多做些也无妨。"

在这里向大家介绍这家老店的奶酪焗菜的做法，请一定要尝试一下哦！

历史

奶酪焗菜起源于法国

"焗菜"在法语中的意思是"用烤箱等烤制，表面有些烤焦的菜肴"。据说这个单词的语源的意思是"在加热食材时烧过头了"。

【 教授人 】

泰明轩
第三代主厨 茂出木浩司

小学时就进入厨房开始学习，曾赴美国在餐厅里实习，后接管了昭和六年开业的老店泰明轩，成为第三代主厨。现在，茂出木浩司先生在料理教室、杂志和电视节目等多个领域中都十分活跃。

泰明轩

东京都中央区日本桥1-12-10
电话：03-3271-2465
营业时间：1层11:00—21:00
（最后点单时间20:30）
星期日、节假日11:00—20:30
（最后点单时间20:00）
2层11:00—15:00
（最后点单时间14:00）
17:00—21:00
（最后点单时间20:00）
休息日：1层 无
2层 星期日、节假日

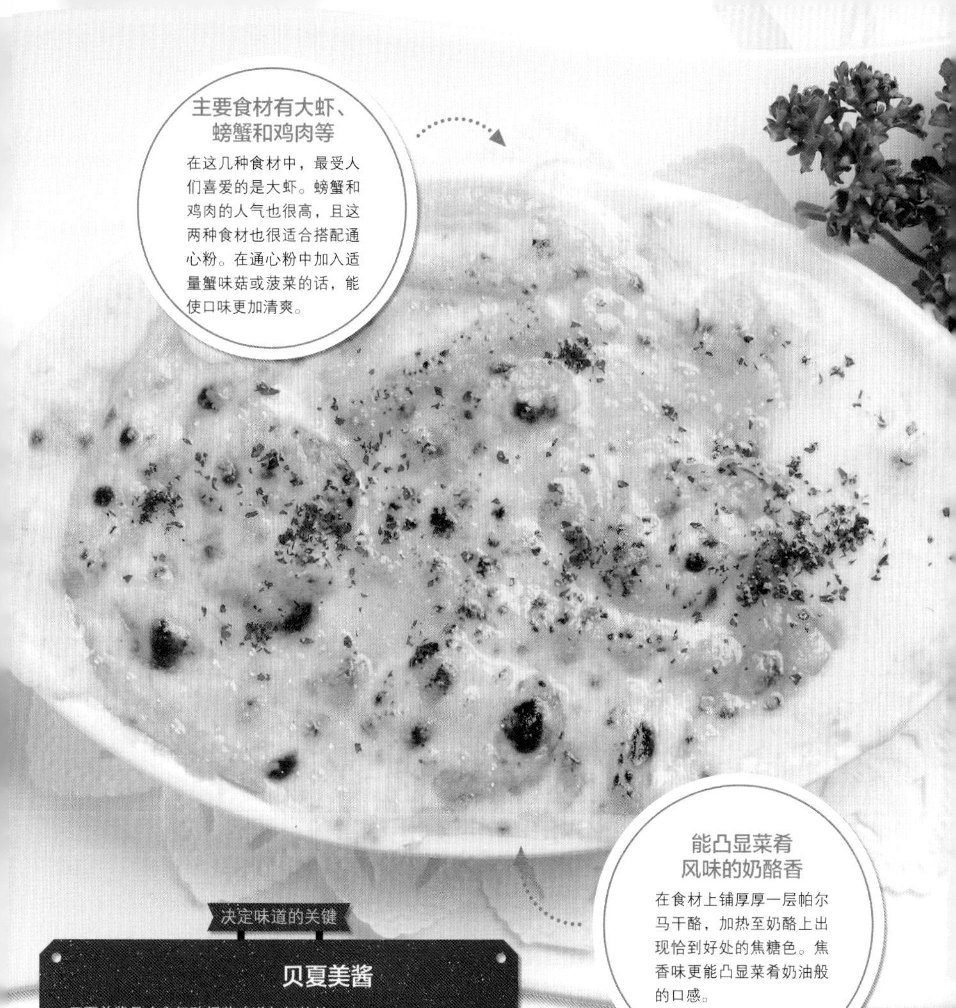

主要食材有大虾、螃蟹和鸡肉等

在这几种食材中，最受人们喜爱的是大虾。螃蟹和鸡肉的人气也很高，且这两种食材也很适合搭配通心粉。在通心粉中加入适量蟹味菇或菠菜的话，能使口味更加清爽。

能凸显菜肴风味的奶酪香

在食材上铺厚厚一层帕尔马干酪，加热至奶酪上出现恰到好处的焦糖色。焦香味更能凸显菜肴奶油般的口感。

决定味道的关键

贝夏美酱

贝夏美酱是决定奶酪焗菜味道如何的关键。泰明轩将黄油和高筋粉均匀混合，再加入牛奶熬制。稍不注意，酱汁就会被烧焦或变稀，所以需要制作人有很强的耐力。这一步是决定味道如何的分水岭。

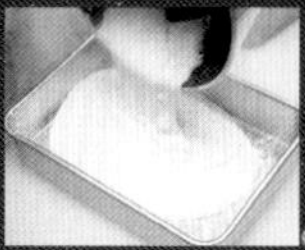

奶酪焗菜的原材料

Ingredients of Gratin

白葡萄酒　奶酪　通心粉　西芹　鲜蘑　洋葱　虾

牛奶　黄油　小麦粉　生奶油

酱汁的原材料

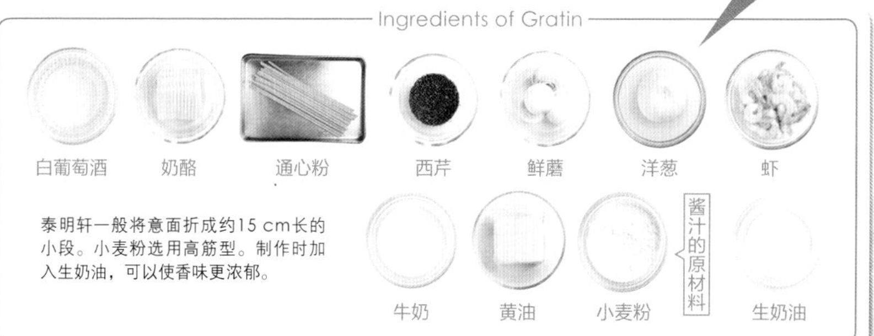

泰明轩一般将意面折成约15 cm长的小段。小麦粉选用高筋型。制作时加入生奶油，可以使香味更浓郁。

泰明轩的

奶酪焗大虾意面的做法

丝滑的酱汁搭配Q弹的大虾，这就是口感绝妙的焗意面。
美味的秘诀是经过长时间熬制的贝夏美酱。

贝夏美酱

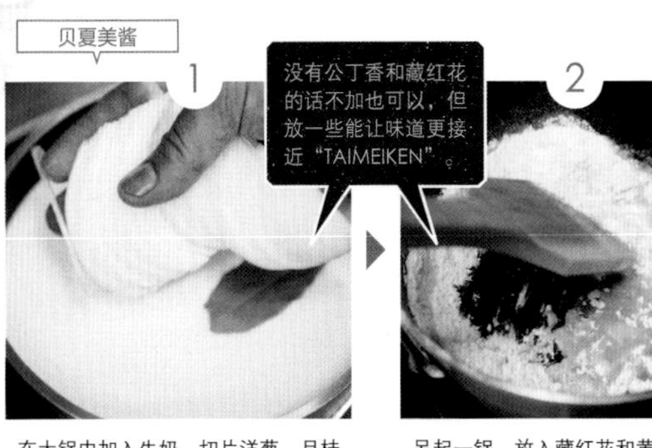

1
没有公丁香和藏红花的话不加也可以，但放一些能让味道更接近"TAIMEIKEN"。

在大锅中加入牛奶、切片洋葱、月桂叶和公丁香，大火煮至沸腾。将藏红花放在水中泡一会儿，去除颜色。

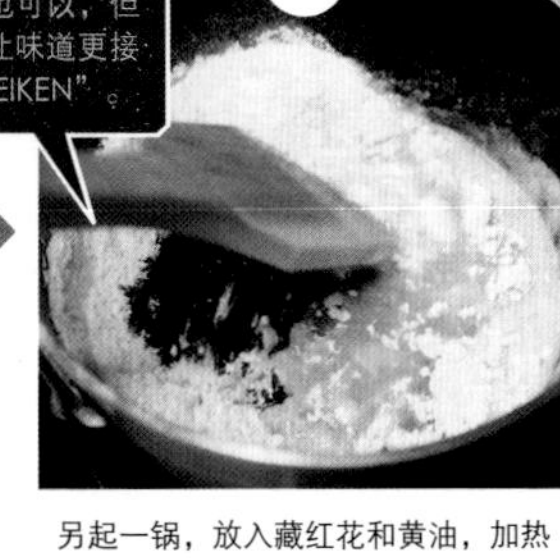

另起一锅，放入藏红花和黄油，加热至黄油熔化，注意不要烧焦。加入小麦粉，边加热边混合直到小麦粉与黄油完全融合。

转小火，将步骤1中的牛奶边过滤，边少量多次地加入到步骤2中，并用木铲快速搅拌。

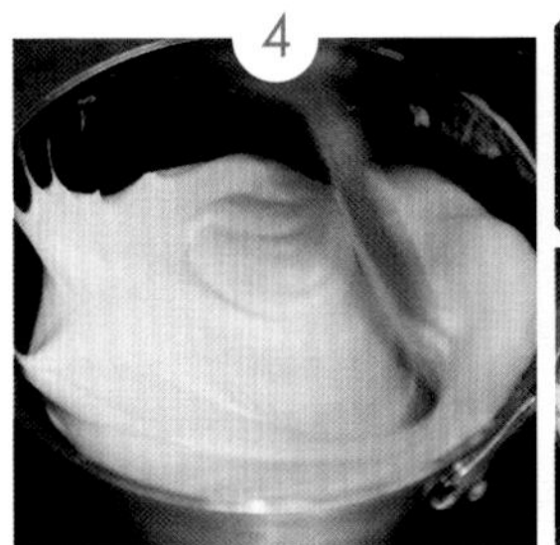

在制作过程中出现面疙瘩的话，可以用打蛋器搅拌直到溶解。

一定要小火搅拌。一不注意酱汁就有可能变稀。

搅拌至变浓稠后，重复步骤3四到五回，搅拌至酱汁变得丝滑后，盖上锅盖煮10分钟左右。

倒入方平底盘中，表面涂黄油，放入冰箱冷藏，可保存10天左右。

这样做，味道更专业

小贴士

请注意

蒸一下能去除面粉感

想做出丝滑的贝夏美酱，可以在酱汁完成前再用极小火煮蒸10分钟左右。蒸后，能去除残留的面粉感。但是一定要小心把控火候，并持续搅拌，以防底部烧焦。

将长通心粉折成约
15 cm长并煮熟。
长一点口感更好。
大虾焗通心粉
1

沸水中加盐，将通心粉煮至筋道。

用平底锅加热黄油至熔化，炒制洋葱碎。接着加入去掉虾线的大虾和口蘑稍炒一会儿。

加入白葡萄酒，煮至酒精挥发。

食材（4人份）

贝夏美酱……1 L
牛奶……1 L
黄油……100 g
小麦粉（高筋）……100 g
洋葱……1/2个
月桂叶……1片
公丁香……2朵
藏红花……一小撮

焗通心粉
通心粉……240 g
对虾……400 g
洋葱……1个
口蘑……4个
贝夏美酱……250 mL
黄油……2大匙
白葡萄酒……50 mL
生奶油……100 mL
芝士……30 g
西芹……少量
盐……适量
胡椒……适量
帕尔马干酪……适量

入贝夏美，搅拌均匀再加入生奶。最后加入心粉，使其酱汁混合。

和胡椒能凸显出
夏美酱的甘甜，
味道更好。
5

入碎芝士，酱汁拌匀，放盐和胡椒味。

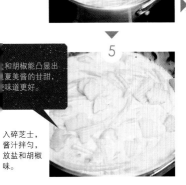

将步骤5加入耐高温的盘子中，撒上帕尔马干酪，220摄氏度烤5～10分钟，直到表面上色。烤好后可按个人喜好撒上西芹碎。

卷心菜的甘甜和肉的鲜味完美结合

卷心菜包肉

Cabbage Roll

外皮是煮到软糯的卷心菜，咬一口，
鲜美的肉汁喷溢而出
连孩子们都十分喜欢这样柔和的美味。

卷心菜包肉　炖菜的代表

用卷心菜叶卷住用洋葱调过味的肉馅，再长时间炖煮，卷心菜包肉就做成了。做的过程中最重要的是在保持卷心菜叶不碎的情况下将其煮至软糯。卷心菜的甘甜被充分释放，变成了柔和的味道。搭配的酱汁一般是高汤、番茄酱或白色酱汁等。

据说卷心菜包肉起源于土耳其。现在这道菜流传到世界各国，且原材料及做法也各不相同。此外，这道菜的学名叫包心菜卷（Cabbage Roll），但到了日本，就自然被改成了日式英语（Roll Cabbage）。但是，在日本也有用其原本名字命名的餐厅。

历史

起源于土耳其的人气料理

卷心菜包肉起源于阿纳托利亚半岛的一种叫作“doruma”的食物（用葡萄叶包住肉和米等食材煮制），那里的人们从1世纪就开始食用这种食物了。现在这道菜仍是土耳其的人气料理。这道菜于15—16世纪时传到了俄罗斯等欧洲国家，不断衍变成了现在的卷心菜包肉。

已无从考证这道菜具体是何时出现在日本的，但据说大概时间段是在江户末期到明治初期。

1963年，名石屋（AKASHIA）在新宿开业，店里的招牌菜就是“炖卷心菜包肉”。第三代店长铃木祥祐说：“这道菜本来是我的祖父为了怀念他母亲做的菜而制作的，后来就受到了顾客们的喜爱。开店48年以来，我们一直努力守护着这个味道。”在这里向大家介绍这家店的卷心菜包肉的做法。

【 教授人 】

新宿名石屋
店长　铃木祥祐

继承祖父事业的第三代店长。从小就在祖父的指导下学习卷心菜包肉的做法。他在继承传统的同时，也不断将新元素融入这道料理中。

新宿名石屋

东京都新宿区新宿3-22-10
电话：03-3354-7511
营业时间：10:00—22:30
休息日：不定

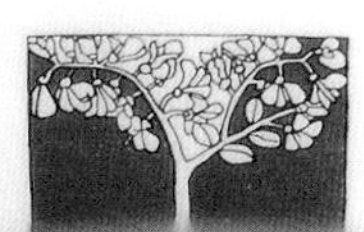

软烂到筷子一下就能扎透

去除卷心菜的硬芯，事先敲软菜叶上坚硬的部分，煮到筷子能轻松扎透。吃下一口，卷心菜的甘甜和肉的鲜美就立刻充斥了口腔。

酱汁一般由汤料做成

酱汁一般是用汤料做成的，比较常见的有清汤、番茄汤和奶油汤等。但新宿名石屋的酱汁则用培根风味的汤料块做成的。

决定味道的关键

卷心菜要整棵煮制

卷心菜是决定卷心菜包肉味道的关键。卷心菜的质量好坏非常重要。直接将卷心菜切开的话，会破坏其风味。先整棵煮熟，再一片片地剥下菜叶，这样做菜叶更不易破。

卷心菜包肉的原材料

Ingredients of Cabbage Roll

鸡骨汤

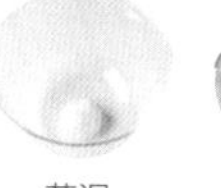
蒜泥

洋葱

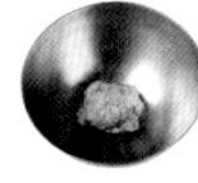
肉馅

卷心菜

应选择菜叶硬实的卷心菜。加在酱汁中的培根应细细切碎。

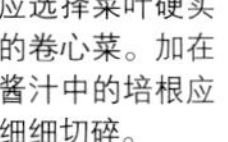
培根

黄油

色拉油

小麦粉

新宿名石屋的

卷心菜包肉的制作方法

卷心菜包肉和白色炖菜的完美结合。
煮后放置一小时能使卷心菜包肉味道更加浓郁。

1

将上一页中的食材充分揉匀。

2

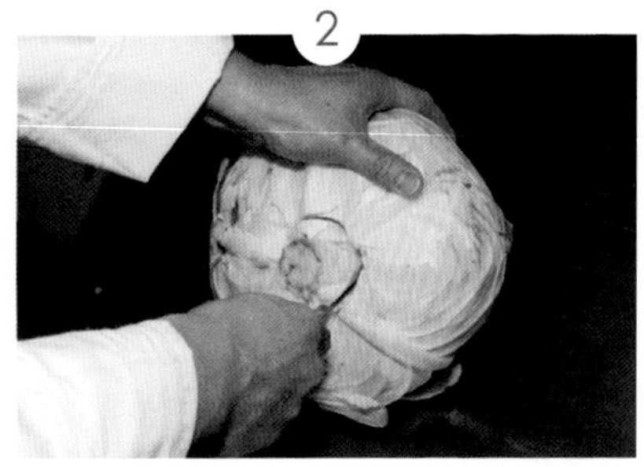

用水果刀等切掉卷心菜的硬芯。

3

先将芯所在的部分朝下煮2～3分钟，再倒过来煮。

4

里层的叶子较难受热，再放回锅中继续煮，煮透后用同样的方法剥下。

卷心菜外层的叶子被煮透后，边用凉水冲边将其剥下。

这样做，味道更专业

小贴士

请注意

将菜芯敲软很重要

卷心菜包肉的魅力在于其软烂到入口即化的口感。所以在做之前，必须要把卷心菜叶上硬的部分敲软。一片一片地敲虽然费时间，但绝对不能省略。被敲软后，汤汁也会更好地渗透进去，菜肴的味道也更加浓郁。

食材（4人份）

Ⓐ	肉馅……200 g	卷心菜……1个
Ⓐ	洋葱碎……60 g	鸡骨汤（浓汤宝也可）……适量
Ⓐ	盐……10 g	盐……少量
Ⓐ	胡椒……2 g	胡椒……少量
Ⓐ	蒜泥……2 g	黄油……少量

5

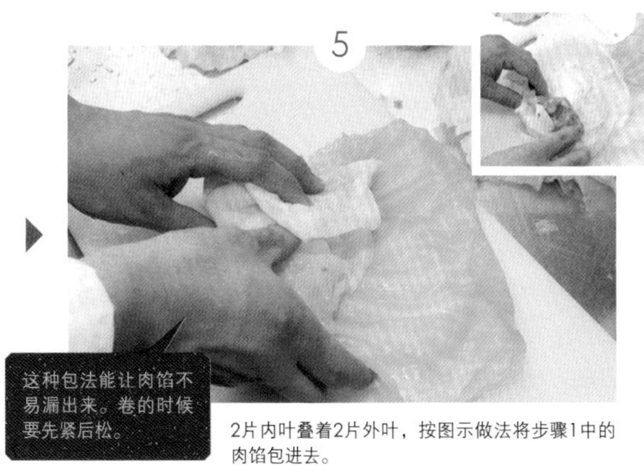

这种包法能让肉馅不易漏出来。卷的时候要先紧后松。

2片内叶叠着2片外叶，按图示做法将步骤1中的肉馅包进去。

6

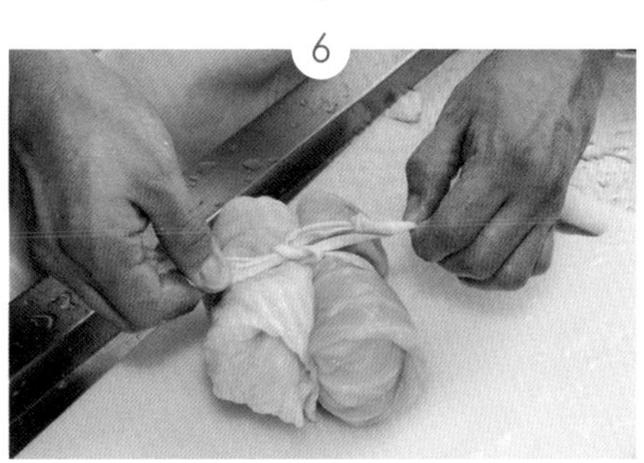

将包好的卷心菜2个一组，用风筝线系住。

7

小火煮1小时后，关火。再放置1小时，能使肉卷更加入味，口感更加软烂。

将6放入锅中，加入鸡骨汤至刚好没过肉卷，边翻转肉卷边煮制。

酱汁的做法

1

将色拉油热至180摄氏度，加入一半小麦粉，中火快速搅拌均匀后，再将剩下的小麦粉分4次加入并搅拌。

2

加入全部小麦粉后关火，加入培根搅拌。

3

加入煮卷心菜包肉剩下的汤汁（降温至80摄氏度左右），搅拌至步骤2熔化。

4

开火，沸腾后加入黄油搅匀。这样酱汁就完成了。

原材料

酱汁
小麦粉……70 g
色拉油……30 g
培根（切块）……2 g
煮卷心菜包肉的汤汁……800 mL

烤制的火候是成功的关键

烤牛肉

Roast Beef

决定烤牛肉是否美味的关键是火候。在家做时，应稍早些把牛肉从烤箱中拿出来，防止火候过重。

掌握火候是一门技巧

烤牛肉，菜如其名，就是把牛肉放进烤箱里烤熟。烤前先用平底锅煎一下上色，或者先腌制一下，不同的餐厅做法也不尽相同。“镰仓山烤牛肉店玉川店”的做法是，选用A4级的牛肉，只用盐和胡椒进行简单的调味。这么做的理由是“选用上好的牛肉，做法越是简单就越能突出牛肉本身的味道”。切开牛肉时，切面中心透出玫瑰色，这是效果最理想的烤牛肉。熟练的厨师，光是看牛肉的表面，就能知道其火候如何。

然而一般人是很难掌握这门技术的，所以在家做烤牛肉时最怕的就是火候掌握不好。对此，菅野主厨说：“可以稍早点将牛肉从烤箱中拿出，再利用余热将其烤熟。”烤完后稍微放置一会儿，也能让肉质更好，更加美味。

历史

烤牛肉是英国饮食文化的重要一环

烤牛肉是英国的传统食物，多被作为周日的午餐料理。原来，英国的贵族中，有每周日杀一头牛来做烤肉的传统，叫作“周日烤肉”。因为每周日都能吃到美味的烤牛肉和炸薯条，所以英国人对平常的吃食不甚在意。也正是因为这个传统，英国的其他食品都没有得到发展，这也是“英国菜很难吃”这一普遍看法的原因之一。

【 教授人 】

镰仓山烤牛肉店
玉川店

店长 菅野明广

这家平日里顾客也络绎不绝的餐厅坐落在玉川高岛屋SC内，菅野主厨正是它的经营者。菅野主厨精通有关烤牛肉的一切知识，包括肉质、牛的部位、烤制火候等。

镰仓山烤牛肉店玉川店

东京都世田谷区玉川3-17-1
玉川高岛屋SC 南馆10F
电话：03-3709-6118
营业时间：11:00—15:00（最后点单时间）
17:00—23:00（最后点单时间21:30）
休息日：与玉川高岛屋S·C一致

最美味的烤牛肉，切面会呈现出美丽的玫瑰色

烤牛肉最理想的状态就是切面呈玫瑰色。烤之前先把肉放置至常温，这样更容易受热，煎熟。

决定味道的关键

烤得外焦里嫩

“烤牛肉店 镰仓山 玉川店”先将牛肉用180度烤制5～10分钟，再将温度降至150度烤5～10分钟，最后再120～130度烤制10分钟。这样能使牛肉慢慢受热，烤出来的牛肉外焦里嫩。

选择肉和脂肪比例恰好的霜降牛肉。

做烤牛肉时，应选择脂肪像细雪一样飘散在肉上的霜降牛肉。

烤牛肉的原材料

Ingredients of Roast beef

牛肉

选择牛肉时不但要看品牌，还要看肉的质感。严选脂肪和肉身比例均匀的牛肉。

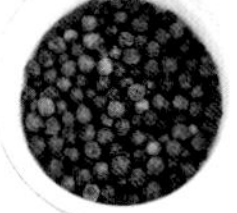

黑胡椒

建议选用整颗黑胡椒，再将其磨碎。

海盐

烧制日本海的海水结晶而成的特制海盐。比起普通咸盐，这种盐的味道更加柔和。

镰仓山烤牛肉店的

烤牛肉制作方法

烤之前，在脂肪上均匀抹盐，这样能使肉质更紧致，
烤出来的牛肉更加美味。

1

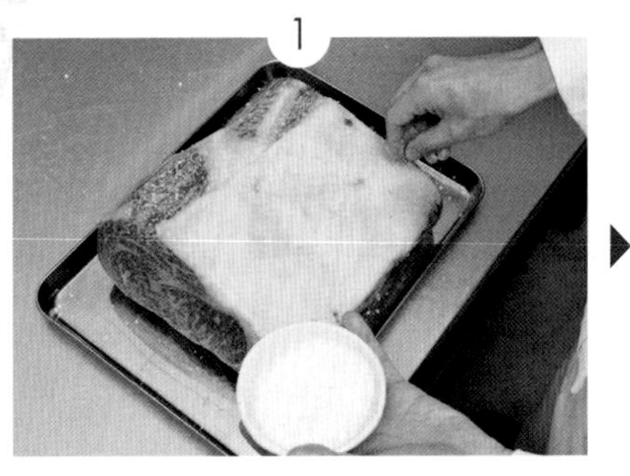

将肉从冰箱中拿出，放置至常温后，
在牛肉表面均匀地抹上盐。

2

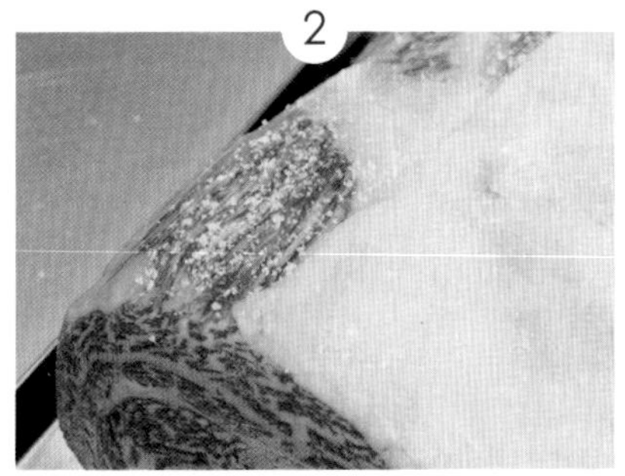

在脂肪那面均匀地抹海盐，能去除多余的油脂。

3

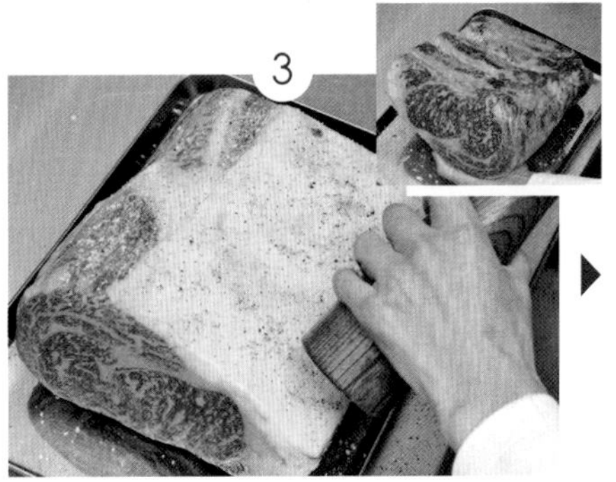

以同样的方式撒上黑胡椒。肉的切面和底面也撒上海盐和黑胡椒。

4

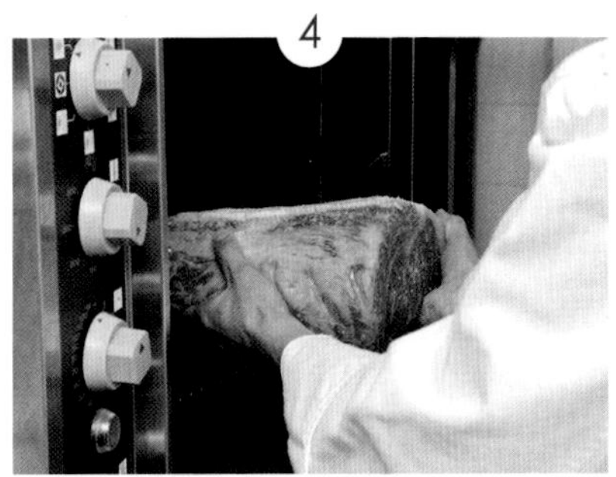

将牛肉放入烤箱，180摄氏度烤制。

这样做，味道更专业

小贴士

请注意

在家烤制时成功的秘诀

500 g～1 kg的牛肉，先用180摄氏度烤10～15分钟，再用150摄氏度烤10～15分钟。从烤箱拿出后用锡纸包住，用余热继续加热。如果能用肉用温度计（如右图）测量肉内部的温度就更万无一失了。

食材（容易做的分量）

牛里脊肉……约5 kg
海盐……适量
黑胡椒……适量

5

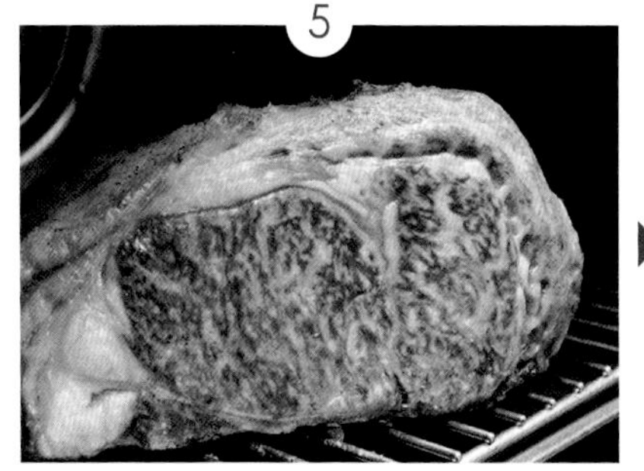

180摄氏度烤制5～10分钟后，将温度降至150摄氏度再烤制5～10分钟（烤制颜色如图）。

6

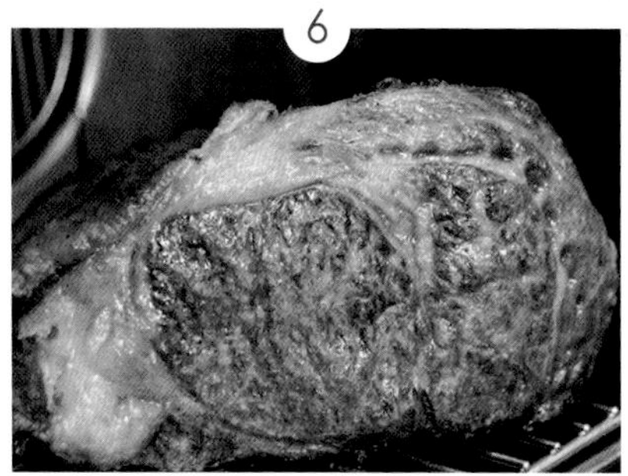

将温度降至120～130摄氏度，再烤10分钟左右。

7

关火但不拿出肉，继续放在烤箱里闷10～15分钟。

8

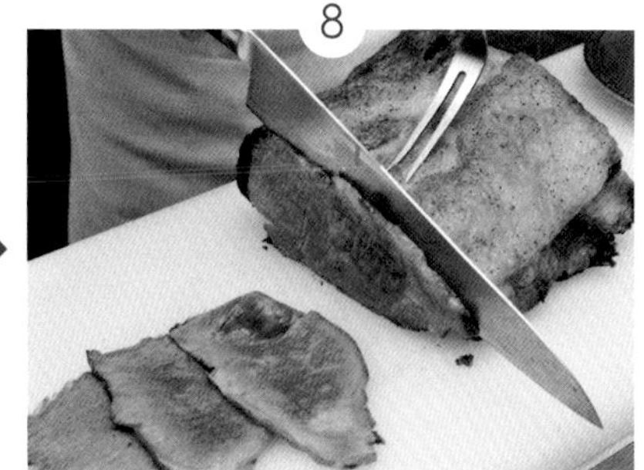

切成3 cm～5 cm的厚片，放入盘中即完成。

大蒜酱油的做法

原材料

酱油……600 mL
清汤……600 mL
（清汤颗粒冲成的汤也可）
味淋……300 mL～350 mL
大蒜……40 g～50 g

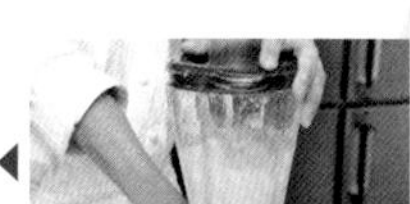

大蒜用料理机打成泥。

将蒜泥和其他所有材料放入锅中煮。

大火煮制到沸腾前会出现上图所示状况，在潽锅前关火。

用过滤漏斗（过滤网）过滤。剩下的大蒜可以留着做鲣鱼刺身时使用。

烤出来的粗犷料理

肉馅糕

Meat Loaf

切开的瞬间让人感动，它就是家庭聚会的主角！

辣椒和香草，还有洋酒调和而成的成熟味道

肉馅糕的原材料和汉堡肉基本相同，但做法却大不相同。肉馅糕的做法是将大量的肉馅放入烤制容器中定型，再用烤箱烤熟，烤好后的肉馅糕简直就是一个“大肉块”。根据个人喜好切成适当的厚度和家人朋友分食，能使气氛更加活跃。肉馅中间包裹着煮鸡蛋，盘子中再摆上颜色鲜艳的蔬菜，这道菜从外表看就非常奢华了。

在这里请日航东京酒店的佐佐木博章主厨来向大家介绍牛肉糕的做法。从日航东京酒店可以俯瞰东京湾和彩虹桥，是一座非常有名的酒店。

历史

起源于欧洲，流行于美国

日本的西餐，很多都是由法国传入的。但肉馅糕却是美国的家常菜。《美国南部的家常菜》的作者在其博客上说：“肉馅糕起源于欧洲，在世界经济大萧条时，因为量大而在美国流行了起来。”相似的菜肴有意大利的意式苏格兰蛋和德国的牛肉卷（与肉馅糕类似的一种香肠）。

给肉馅糕定型是第一道难关。在餐厅和酒店一般使用长方形陶瓷烤盘，如果在家做的话可以用烤磅饼蛋糕的模具替代。也可以使用剪掉一面的空牛奶盒，在盒子内侧垫上烘焙油纸就可以了。

佐佐木主厨会在烤肉馅糕前先淋上葡萄酒和白兰地，这一道工序能使这道菜更加美味。

【 教授人 】

日航东京酒店

主厨　佐佐木博章

出生于法国。曾在地中海餐厅学习，曾赴意大利研修2个月，手艺精湛。这家餐厅的菜单里没有肉馅糕这道菜。是因为主厨喜欢量大的料理，才特别推出了这道菜肴。

日航东京酒店

东京都港区台场1-9-1
电话：03-5500-5500
（法人代表）

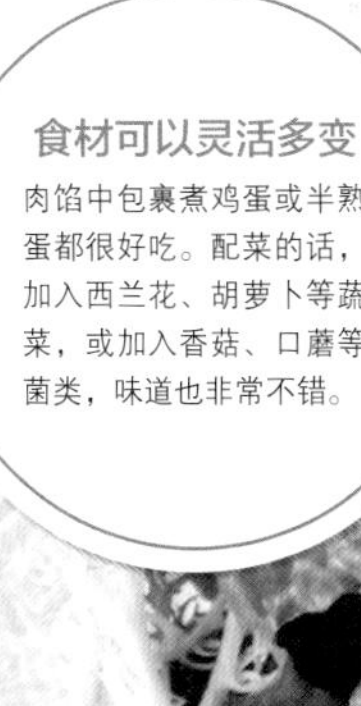

食材可以灵活多变

肉馅中包裹煮鸡蛋或半熟蛋都很好吃。配菜的话，加入西兰花、胡萝卜等蔬菜，或加入香菇、口蘑等菌类，味道也非常不错。

要将肉馅揉出黏性后再调味

将肉揉出黏性，吃的时候口感会更加柔软。要在揉好后再调味，这是因为先放盐的话，食材会出水，破坏口感。

决定味道的关键

用白兰地加香

在肉中加辣椒和香草，装入模具，淋入洋酒后再盖盖子。洋酒选用红酒和白兰地，尤其是常被使用在火焰料理（菜肴做好后，淋上高度酒加香的做法）中的白兰地具有很好的加香功效。

肉馅糕的原材料

Ingredients of Meat Loaf

生鸡蛋

黑胡椒

盐

煮鸡蛋

洋葱

橄榄油

红酒

月桂叶&百里香

面包粉

做肉类料理时应选用黑胡椒。用盐腌制肉类，能最大限度地激发出肉本身的味道。红酒和白兰地价格便宜，容易入手。

培根片

混合肉馅（牛肉、猪肉）

日航东京酒店的

肉馅糕做法

酒店主厨特制的肉馅糕。肉馅包裹着煮鸡蛋，味道极好。

将肉馅揉出黏性。加入适量盐继续揉。

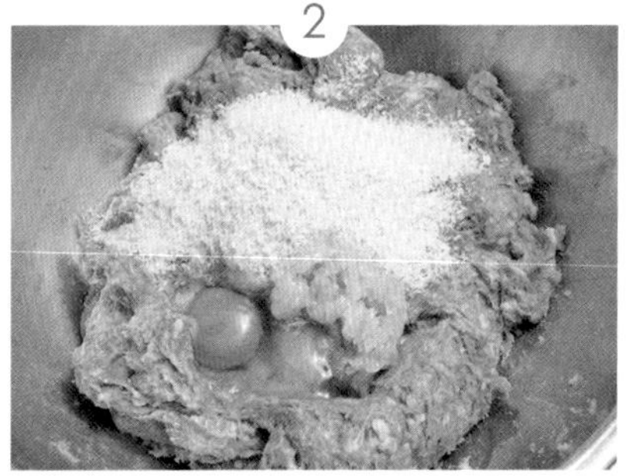

加入橄榄油、洋葱、面包粉、鸡蛋、盐和胡椒，继续揉。

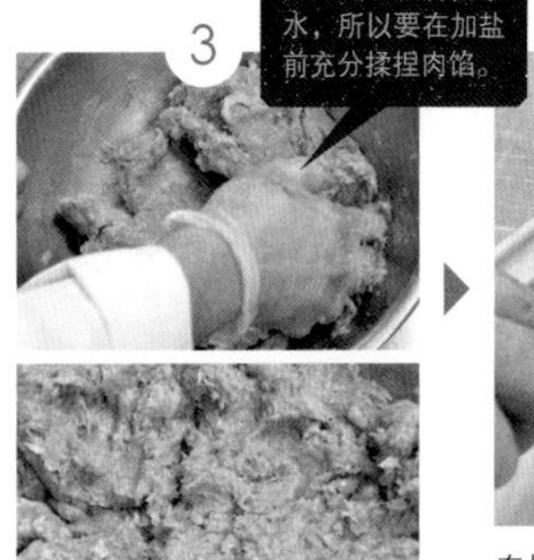

加入盐后食材会出水，所以要在加盐前充分揉捏肉馅。

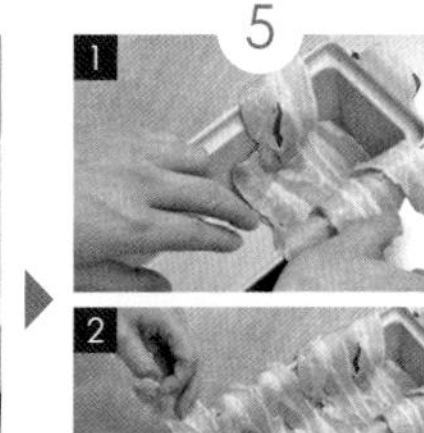

在长方形陶瓷烤盘内壁涂橄榄油，将培根贴在内壁上。

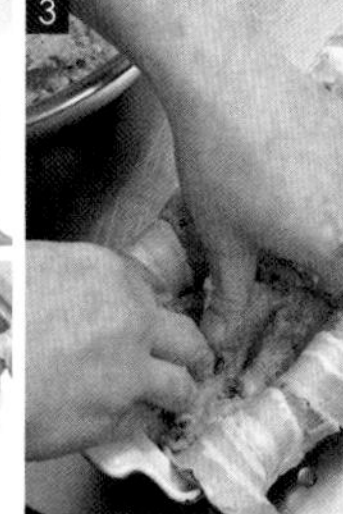

不留缝隙地将培根均匀铺在烤盘内。

铺好培根片后，将2中肉馅的一半加入模具，注意要压实不留空气。

这样做，味道更专业

小贴士

请注意

肉馅糕酱汁的做法

1.在锅中放入橄榄油和蒜末，点火。加入洋葱小火煎炒。

2.加入红酒，煮至酒精味消失。

3.加入番茄酱、伍斯特酱油和芥末继续煮制，最后用盐、胡椒和黄油调味。

6

在肉馅上并列放入煮鸡蛋。

7

填入剩下的肉馅。加热时肉会收缩，所以填肉馅至中央稍微隆起为宜。

8

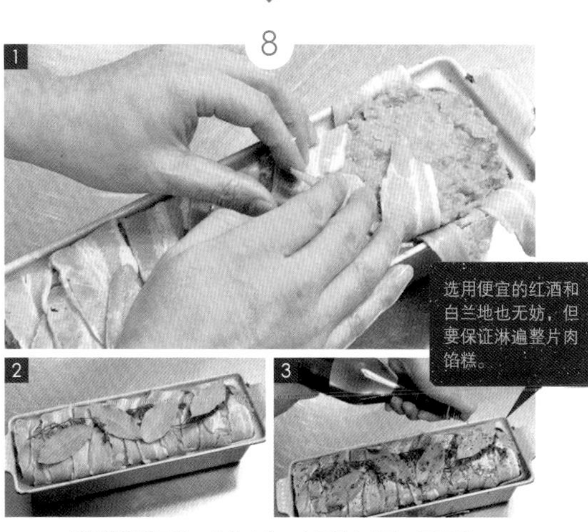

1
2
3
选用便宜的红酒和白兰地也无妨，但要保证淋遍整片肉馅糕。

折起培根的两端，盖住肉馅。上面撒上月桂、百里香和黑胡椒。最后淋上红酒和白兰地，要均匀地淋遍整个模具。

9

盖上模具盖，170摄氏度烤30分钟。

10

从烤箱中取出，放在暖和的地方约30分钟，使其入味。

原材料（2人份）

混合肉馅……1.4 kg
橄榄油……适量
洋葱……100 g
面包粉……40 g
鸡蛋……1个
黑胡椒……3 g
培根片……200 g
煮鸡蛋……200 g
月桂叶……4片
百里香……3株
红酒……60 mL
白兰地……30 mL
月桂叶……1片
盐……1小匙
胡椒……少量

酱汁
橄榄油……30 mL
大蒜末……40 g ~ 50 g
洋葱……60 g
番茄罐头（酱）……360 g
红酒……250 g
伍斯特酱……100 g
芥末粒……80 g
黄油（无盐）……30 g
盐、胡椒……各适量

配菜
多种绿叶菜
法式调味汁
西式泡菜
（依个人喜好适量添加）

厚切猪肉和生姜的完美结合

生姜烧猪肉

Ginger Fried Pork

酱油是决定日式生姜烧猪肉味道的关键因素。
这道菜十分下饭。

选用肩侧里脊肉，切十字刀烤制

在西餐厅吃生姜烧猪肉时，刀切入猪肉时快感十足。其实，日本也有类似的本土菜肴，就是定食店的生姜烧。这两道菜都是肉菜的代表，有着相似的口味。

在东京町田，有一家店的生姜烧猪肉特别有名，这家店就是航旅莉屋。关于这道菜，店主如是说："生姜烧猪肉所用的是里脊肉。其中也包括名为眼肉的肩侧肉，这块肉所含的脂肪量适中，可以很好地突出肉的鲜甜。做生姜烧猪肉时，应将肉切成跟手指的第一关节差不多的厚度。"

历史

这道菜和生姜烧到底有什么不同呢

两者都是生姜风味的猪肉料理。熟肉料理起源于法国，因为烧制后的肉太烫，没法用手直接吃，于是有人发明了刀叉。生姜烧猪肉的名字和厚切的做法来源于美国。美式餐厅的生姜烧猪肉盖饭也沿袭了这种厚切的做法。日本的生姜烧是在此基础上加入了日式酱油而制成的。

【 教授人 】

航旅莉屋（KORYOURIYA）

店主　奥田幸央

曾在多家西餐老店和酒店学习。抱着"想开一家小柜台式餐厅"的愿望，他回到故乡町田，开了航旅莉屋。电视台的美食综艺节目曾多次报道过这家小店。

航旅莉屋（KORYOURIYA）

东京都町田市中町1-21-11
中一大楼1F
电话：042-727-7072
营业时间：12:00—14:00
18:00—21:00
休息日：星期日、节假日、
星期一晚餐时间

搭配多种蔬菜，营养加倍

生姜烧肉中所含的营养成分只有脂肪和蛋白质，似乎不够均衡。如果搭配上卷心菜沙拉的话，营养更加均衡，味道也很不错。

生姜碎要用水冲洗

将青葱切末，用于色彩搭配，也可用生姜末代替。因为菜本身含生姜，所以可用水先冲洗一下，这样可以使味道更加清爽。

决定味道的关键

推荐使用猪里脊肉，特别是眼肉（肩侧肉）

里脊肉（背部中间的肉）肉质柔软，味道鲜美，是肉类料理中不可或缺的食材。同样，里脊肉也适合做生姜烧肉。里脊肉中的眼肉（肩侧的肉）脂肪含量刚好，味道鲜美，更加适合做生姜烧肉。

生姜烧肉的原材料

Ingredients of Ginger Fried Pork

苹果和蜂蜜可以中和生姜的辣味。酱油也是不可或缺的。如果没有日本酒的话，可以用料理酒代替。

味淋　酱油　生姜　猪肉

日本酒　大蒜　苹果　蜂蜜

航旅莉屋的

生姜烧猪肉做法

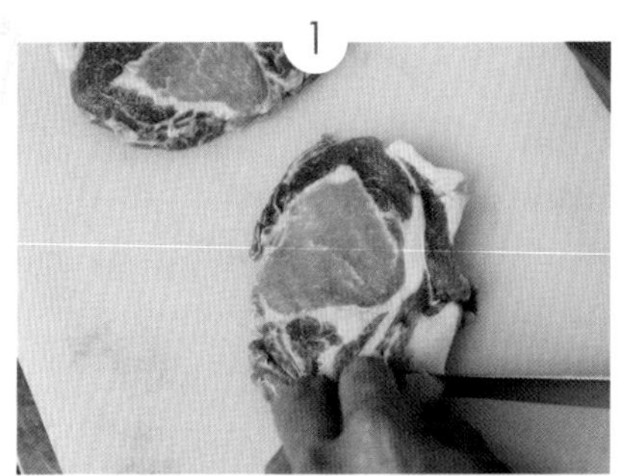

将猪肉切成手指第一节的厚度。肋条（肋骨附近的肉）比较难受热，需等间隔地切4处十字刀，使其更容易受热。

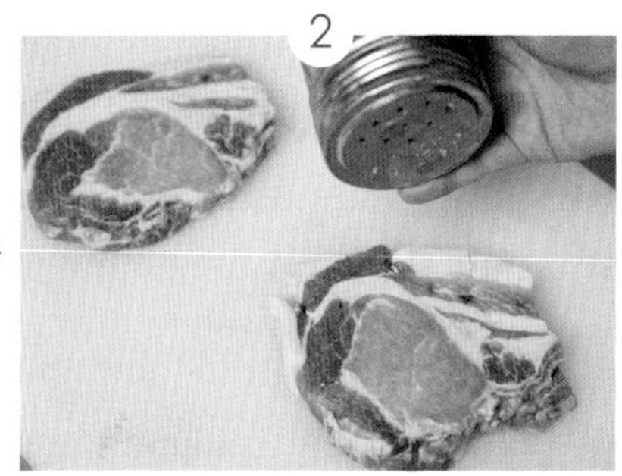

在肉的两面抹上盐和胡椒。

在肉上拍高筋粉。

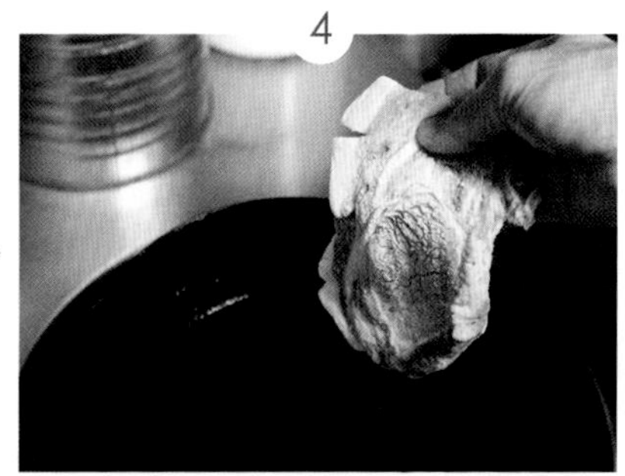

平底锅涂油，中火煎肉。肉上色后转小火。

这样做，味道更专业

小贴士

请注意

在肋条肉上划十字刀

肋条肉较难受热，因此在上面划十字刀能使其受热更加均匀。

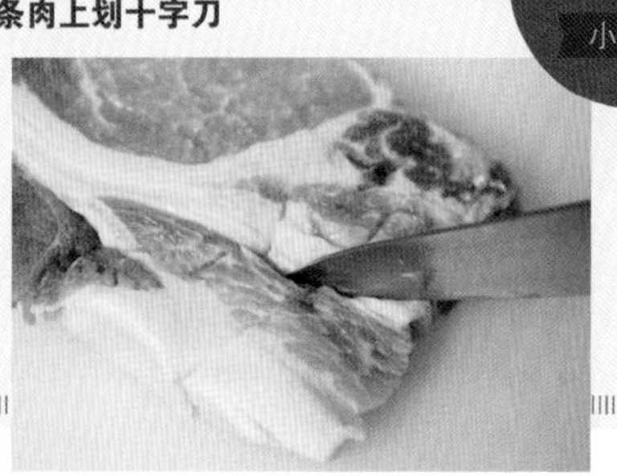

食材（2人份）

猪肉……400 g
盐·胡椒……各适量
高筋粉……适量
色拉油……适量

Ⓐ
日本酒……30 mL
味淋……30 mL
酱油……30 mL
生姜（带皮磨碎）……15 g
大蒜（磨碎）……1/2瓣
苹果（去皮磨碎）……20 g
蜂蜜……15 g

配色用
生姜末、青葱花……各适量

5

煎时轻压脂肪部分，使其慢慢融化。

酱汁的做法

将A中的全部材料混合，就做成了。

将生姜带皮磨成末，放入大碗中。

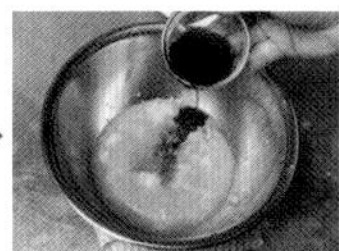

将其他材料全部加入并混合均匀。

6

盖上锅盖烧3分钟，翻面。

7

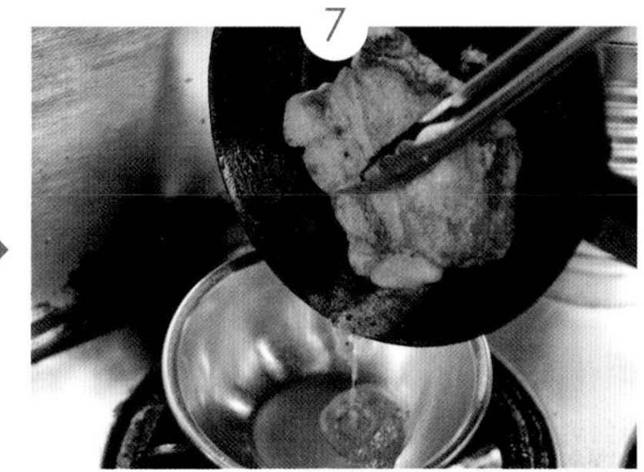

再烧3分钟，关火，倒掉多余的油。

8

在平底锅内倒入适量日本酒（上列食材以外）后，加入40～50 mL酱汁。

9

开大火，煮至酒精挥发，即完成。

来自法国的鱼料理

法式黄油烤鱼

Meunière

起源于法国的美味鱼料理，非常下饭！

活用白色鱼肉
罗秀（ROSYU）风法式黄油烤鱼

法式黄油烤鱼是将鱼挂上面粉，用黄油烤制而成的菜肴。小麦粉在鱼的表面形成一层薄膜，锁住了鱼肉的鲜味，烤至焦黄酥脆，看起来就美味极了。

山手罗秀坐落在日本西餐的发祥地之一——横滨。法式黄油烤鱼是店里的招牌菜。小林店长说："我们选用石鲈做黄油烤鱼。石鲈的鱼皮味道很好，所以我们会带皮一起烤制。"

"取3片石鲈肉，拔出骨头。白色鱼肉的骨头又粗又硬，不拔干净的话，一旦卡在嗓子里就很危险了。此外，要在其中的两片鱼肉上打几道花刀。"

小林店长热衷钓鱼，对钓鱼和做鱼料理都非常精通。

"我们做的不是法式餐厅的那种黄油烤鱼，而是能跟日本的米饭搭配的料理，所以做法有些不同。"

历史

马虎的"面粉店家的女儿"偶然创造出的料理

黄油烤鱼是将鱼挂上面粉，再用黄油烤制的一种法国料理。在法语里，这道菜名的意思是"面粉店家的女儿"。据传是一家面粉店的女儿在做饭时，不小心把鱼掉进了面粉里，没办法就直接煎熟了，没想到竟意外地好吃。小麦粉能吸收鱼肉表面多余的水分，并且能锁住鱼肉的鲜味，再用黄油烤制，能给清淡的白色鱼肉补充油脂。一个偶然竟创造出了如此美味的菜肴。

【 教授人 】

山手罗秀

店长 小林良能里

在横滨三越内的罗秀工作9年后，于11年前调到了山手罗秀。他说："比起法餐，西餐制作的自由度和创作性更高，因此，做西餐对我来说是最快乐的。"

山手罗秀

神奈川县横滨市中区山手町246
电话045-621-9811
营业时间：
11:00—20:45（最后点单时间20:00）
休息日：星期一（若星期一是节假日，则第二天休息）

美味的鱼肉和色彩丰富的配菜汇聚一盘

鱼料理的色彩比较单一，加点配菜能使色彩更丰富。将小番茄切成两半，再配上清水煮西兰花和柠檬。

不明显的酱油味却很关键

用白葡萄酒煮制后加黄油调味。酱油味虽不明显，却能使这道菜更下饭。

决定味道的关键

用白兰地加香

煎石鲈和大虾剩下的汤汁非常鲜美。除去多余的油分，加入白葡萄酒、黄油和酱油，就做成了特制酱汁。除了酱汁，再加些佐料（西芹、香叶芹）能使色彩更加丰富。

黄油烤鱼的原材料

Ingredients of Meunière

石鲈

除石鲈以外的鲷鱼和鲑鱼（白身鱼）也可。

大虾

将稍小的大虾和石鲈一起用黄油煎制。这里选用牛形对虾。

白葡萄酒

做肉料理用红酒，做鱼料理用白葡萄酒，这是一条基本规则。白葡萄酒尤其适合被用于白身鱼料理。

山手罗秀的

黄油烤鱼的做法

这道不引人注意的菜肴，缘何如此美味?
做一次你就知道啦！

1

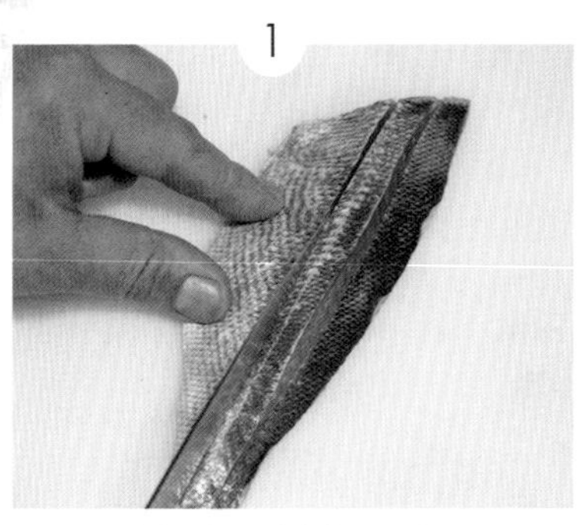

从鱼头至鱼尾，浅浅地切几道花刀。

2

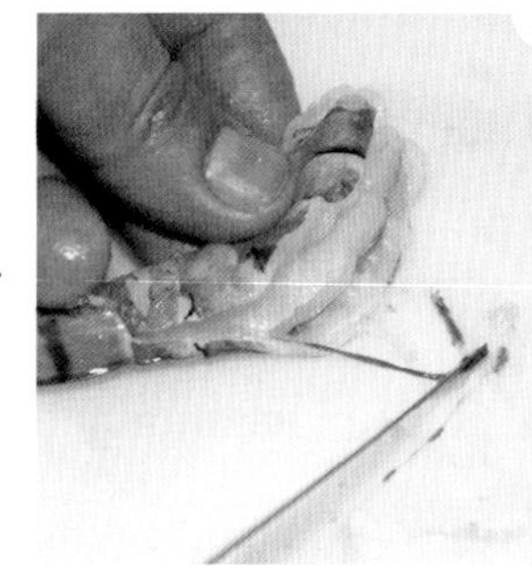

切开虾背，取出虾肠，切掉虾尾坚硬的部分。

请注意

杀鱼的方法

用刀刮掉鱼鳞。将刀斜着切进鱼身，去掉鱼头和内脏，用水冲净血水后，将鱼片成3片。拔掉中间的大刺，再沿着鱼脊拔掉其他小刺。

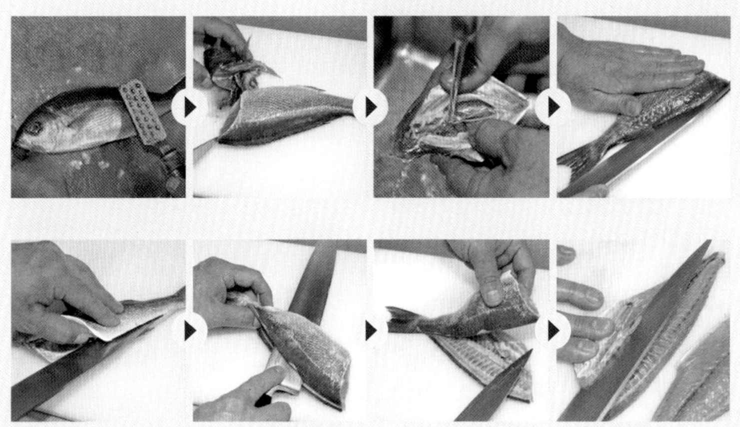

食材（2人份）

石鲈……1条
大虾（牛形对虾等体型小的虾）……4只
盐、胡椒……各适量
高筋粉……适量
色拉油……适量
白葡萄酒……50 mL
黄油（含盐）……50 g
佐料
（西芹碎、葱花）……适量

配菜
小番茄（切成两半）……40 g
黄油……30 g
西兰花（焯熟）……适量
柠檬（切瓣）……适量

3

用盐和胡椒腌制鱼肉。

4

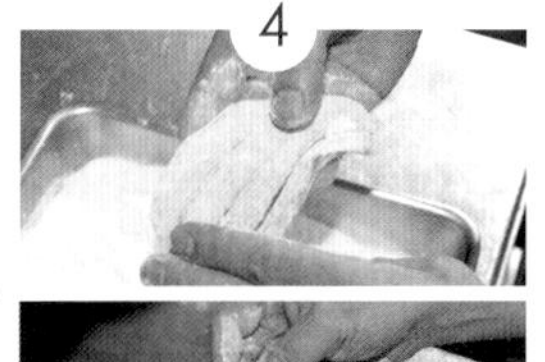

将鱼肉和大虾挂上高筋粉。

5

平底锅内倒油，开大火，油热后放入鱼肉和大虾，煎至表面上色。

6

翻面继续煎。

7

捞出鱼肉和大虾，去除剩余汤汁中多余的油分。

8

加入白葡萄酒，煮至分量减少到一半。

9

加入黄油并关火，用余热熔化黄油。

10

加入酱油，酱汁就做好了。将鱼肉和大虾盛入盘中，淋上酱汁，摆上配菜。

可以自己做出的美味浓汤

玉米浓汤

Corn Potage Soup

自制玉米浓汤更美味。

把罐头玉米酱磨得更细

我们平时喝的一般都是从超市买来的速食玉米浓汤。但是自己用心做出的浓汤是速食替代不了的。玉米浓汤起源于西方，一般观念里的做法是将玉米煮熟再磨碎。

在这里，就由西餐老店赤坂津井来向我们介绍玉米浓汤真正的做法吧。这家店会在米饭套餐中赠送玉米浓汤（迷你碗）或红酱汤。顾客可以随自己的喜好选择西式汤或日式汤，这种设定很有日式西餐厅的感觉，也很有趣。

这道汤的做法虽然简单，但是浓郁的玉米香和奶油般的口感让它非常受欢迎。那么怎样才能自己做出美味的玉米浓汤呢？法人代表河内隆诗先生说："最重要的是要用料理机把玉米酱罐头打得更碎。"

历史

玉米浓汤是何时成为西餐的代表浓汤的呢

在法国料理中，浓汤指代所有的汤类。而在日本，浓汤一般指在清汤中加入用黄油炒过的面粉（增稠）而做成的汤。在法国，人们用胡萝卜、白芸豆、玉米等多种食材熬制不同的浓汤。据说，日本是从大正时代才开始饮用玉米浓汤的。

【 教授人 】

赤坂津井

厨师　吉田勇也

吉田厨师已经在赤坂津井工作12年了。吉田厨师尊重每道料理的特性，用心将料理以最合适的方式呈现给顾客。

赤坂津井 本店

东京都港区赤坂2-22-24 泉赤坂大楼
电话：03-3584-1851
营业时间：午餐11:30—15:00（最后点单时间14:30），周末及节假日12:00—15:30（最后点单时间15:00）
晚餐17:00—22:00（最后点单时间21:30）
周末及节假日16:30—22:00（最后点单时间21:30）（营业期间可送外卖）
休息日：节假日中的星期一，年初、年末

可以轻松做出柔滑口感的小技巧

用新鲜玉米做出的玉米浓汤是最好喝的。但是一年中不同的时节，玉米的品质是不同的。所以餐厅为了保持始终如一的味道，一般会选用玉米罐头，用料理机研磨一下，会使口感更细腻。

决定味道的关键

加热能去除面粉的腥味

加入低筋面粉能起到增稠的作用，但面粉多少会有一点腥味。这时，可以像熬贝夏美酱一样，通过长时间熬煮来去除这种腥味，使味道更好。

玉米浓汤的原材料

Ingredients of Corn Potage Soup

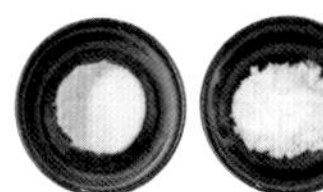

胡椒　盐　月桂叶　黄油（含盐）　培根　洋葱　低筋粉　黄油

牛奶　水　生奶油　砂糖　玉米罐头

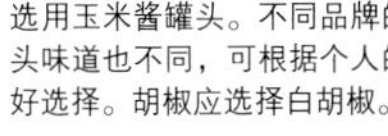

选用玉米酱罐头。不同品牌的罐头味道也不同，可根据个人的喜好选择。胡椒应选择白胡椒。

赤坂津井的

玉米浓汤做法

推荐使用罐装玉米酱。
按照菜谱做出美味的玉米浓汤吧。

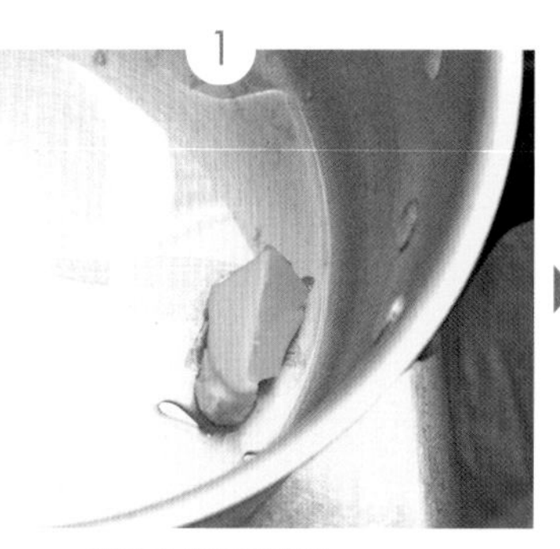

1 用锅加热黄油和色拉油。

2 炒制洋葱。

3 加入培根继续翻炒。

4 小火炒至洋葱呈透明状。

这样做，味道更专业

小贴士

请注意

用低筋粉增稠，并加热去除面粉中的腥味

只放牛奶和水的话，汤会很稀。加入低筋粉增稠，就能得到浓厚的口感。此外，最重要的一步是用微火加热50分钟以上，这样长时间的加热可以去除面粉的腥味。

加入牛奶和水。

沸腾后，边用打泡器搅拌边加入低筋粉。

加入月桂叶。

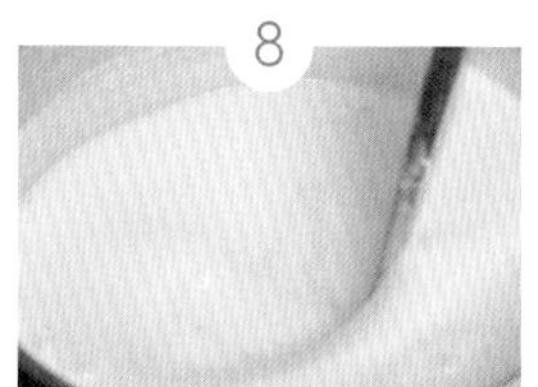

微火慢炖50分钟左右。

食材（容易制作的分量）

黄油……10 g
色拉油……1大匙
洋葱碎（稍大块）……1大匙
培根碎（稍大块）……1大匙
牛奶……1 L
水……1 L
低筋粉……100 g
水（融化低筋粉用）
……200 mL
月桂叶……1片
玉米酱罐头
……2大罐（约800 g）
盐……1小匙
胡椒……适量
砂糖……1大匙
黄油（含盐）……150 g
生奶油……200 mL

加入用料理机打过的玉米酱。

加入盐、胡椒和砂糖调味。

加入黄油、生奶油，再稍微加热一会儿就完成了。

能温暖身心的魔法浓汤

芝士洋葱浓汤

Onion Gratin Soup

原材料非常简单，
因此熬制时间的长短决定了浓汤是否美味。

认真制作洋葱和清汤

芝士洋葱浓汤，在刚出炉还冒着热气时喝上一口，洋葱的甘甜立刻沁入心脾。因为不是主菜，所以在想象中似乎很少有人会特意去店里喝它。但出人意料的是很多人都表示“特别喜欢芝士洋葱浓汤，会特意去店里品尝，也很希望能自己在家煮”。既然如此，我们拜访了坐落在麻布十番的西餐老店江户屋。

店主手冢安久说：“芝士洋葱浓汤的美味在于清汤和饴糖色的洋葱。餐厅一般都有做清汤的秘方，是普通家庭模仿不来的。所以，在家制作时可以选用市面上卖的固态汤料。相对的，只要肯下功夫，饴糖色的洋葱是可以自己做出来的。用平底锅慢煎洋葱1小时就行了，注意一定不要烧焦。有了这两样食材就可以做出好喝的洋葱浓汤了。”

现在快手食谱和简易料理非常流行，但是偶尔做一道慢火功夫菜也是很不错的体验。请一定尝试做一下这道汤。

历史

起源于法国的家常菜

日本的芝士洋葱浓汤起源于法国的法式洋葱浓汤。在法国，这种浓汤算是一种“轻食”，同时也有许多人会在宿醉的清晨喝一碗再去上班，类似日本的“酒后拉面”。

在法国，每家每户都有自己煮清汤的“秘方”，清汤也是浓汤的精华所在。将煎炒过的洋葱放入清汤中，再盖上法棍面包和芝士烤制，这道芝士洋葱浓汤就做好了。

【 教授人 】

江户屋
（EDOYA）
店主 手冢安久

江户屋第二代店主。他拿手的料理是柔软蓬松的蛋包饭和芝士洋葱浓汤。手冢店长手艺精湛的同时也很具有学习精神，他经常出入神保町购买有关料理的二手书。

江户屋

东京都港区麻布十番2-12-8
电话：03-3452-2922
营业时间：午餐11:30—14:15
周末及节假日—14:30
晚餐18:00—22:00
星期日及节假日17:00—21:30
休息日：星期二、每月的第三个星期三

轻火烤制法棍面包，切薄片

将法棍面包切成约5 mm的厚度，放入容器中，用烤箱烤制。

灵活运用大蒜

把一瓣大蒜三等分，将大蒜汁涂在容器内侧和法棍面包的两面。这样能使蒜香融入清汤，入口时有淡淡的清香。

决定味道的关键

饴糖色的洋葱

用刀或切片机将洋葱切成薄片，平底锅涂黄油小火煎炒，注意不要烧焦。翻炒1小时左右的状态如图。做好后可冷冻保存。

芝士洋葱汤的原材料

Ingredients of Onion Gratin Soup

清汤可选用固态汤料，用前先细细切碎。江户屋餐厅建议使用格律耶尔干酪。

江户屋的

芝士洋葱浓汤做法

不吝惜时间和精力的话，就一定能做好。

1

用锅加热清汤。烤制法棍面包至干燥，不用烤出焦糖色。

2

将炒至饴糖色的洋葱放入锅中。

请注意

饴糖色的洋葱是决定浓汤味道的关键

应选用陈洋葱，新洋葱中水分较多，味道较淡。且陈洋葱浓郁的辛辣味经过加热会转化成独特的甜味。

平底锅内涂黄油，放入切片的洋葱翻炒。

加热至30分钟时，洋葱已经上色。

加热至1小时，洋葱变成有光泽的茶色，就完成了。

食材（2人份）

清汤……360 mL
洋葱（大）……1个半
盐、白胡椒……各适量
法棍面包（片）……4片
大蒜……1粒
格律耶尔干酪（芝士）……6大匙

3

用盐和胡椒调味。

4

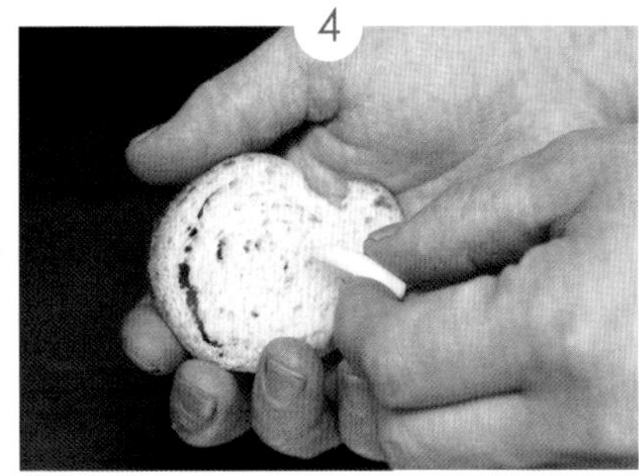

在容器内侧和面包两面涂上大蒜汁。

5

将步骤3中的清汤倒至容器的8分处。

6

将面包盖在汤上。

7

撒上芝士。

8

放入烤箱，180摄氏度烤制，直到表面出现焦糖色。

每天都想喝的美味浓汤

法式蔬菜浓汤

Pot-au-feu

长时间炖煮蔬菜和牛肉而成的浓汤。

按自己的喜好重现这道法国家常菜吧

绮·幸的店主说："蔬菜牛肉浓汤给人一种很精致的感觉，但其实这道菜本来是法国的乡村料理。出门前在锅中放适量蔬菜和牛肉，点火加热，回来的时候汤就炖好了……这道菜是法国家庭中约定俗成的经典菜。但在餐厅，厨师要拿出对得起它价格的美味菜肴，所以在做法和调味上都要下一番功夫。"

绮·幸会给蔬菜牛肉浓汤搭配特制的酱汁。酱汁里包含朝鲜辣酱、意大利香醋、芝麻油等多国的调味料。这样多元的料理深受日本人的喜爱。

店主说"这种酱汁还可以搭配刺身、凉拌豆腐和烤鱼，是一种万能酱汁"。

做酱汁期间，继续小火炖制蔬菜牛肉浓汤，鲜味慢慢浸透到蔬菜和牛肉中，等待的时间也变得妙趣横生。除了这里列出的蔬菜外，还可以根据个人喜好添加其他蔬菜。让我们一起做出具有你个人风味的蔬菜牛肉浓汤吧。

历史

做农活前开始炖煮的家常菜

蔬菜牛肉浓汤本是法国的乡村料理。在去干农活之前，把蔬菜和牛肉放入锅中，点火加热，在回来的时候就炖好了。葡萄酒是法国一般家庭必备的，所以会用它调味。

在家做时，大多会加入土豆，但是加入土豆后，汤汁会变稠，并且不好保存。所以，餐厅在做的时候一般不一起炖煮土豆，而是另将土豆煮好，在浓汤出锅时加进去。

【 教授人 】

绮·幸

店主　山口正典

战后，和父亲一起在伊势佐木町经营他们的第一家西餐厅绮·幸，招牌菜是炖菜和汉堡肉。两年前，机缘巧合地将店铺搬到了现在的地址。

绮·幸

神奈川县横滨市西区宫崎町48-7 奥库托美
樱木町
电话：045-261-6619
营业时间：11:30—14:00、17:30—21:00
休息日：星期三

鲜味的秘诀是鸡骨汤颗粒

用鸡骨汤颗粒能方便地做出美味的汤汁。但是，因为其中含有盐分，所以要注意不要过量。

加入作料风味更佳，营养更丰富

将蔬菜牛肉浓汤盛入碗中后，可以再加入西芹碎和香菜碎，使颜色更漂亮。另外加入些酸橙汁，能使味道更加清爽。

决定味道的关键

加入朝鲜辣酱的原创酱汁

在日本，一般家庭制作这道浓汤的时候都是什么也不加，或者是只加芥末或酸奶油。但"绮·幸"会在蔬菜牛肉浓汤上淋上放了朝鲜辣酱的酱汁。把浓汤做得稍淡，再加上酱汁，就非常好喝了。

蔬菜牛肉浓汤的原材料

Ingredients of Pot-au-feu

月桂叶

芹菜

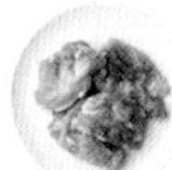

鸡腿肉

卷心菜

灰口蘑

土豆

萝卜

洋葱

胡萝卜

蔬菜可根据个人喜好选择，但调味的洋葱和调色的西红柿是必须要加的。加鸡肉的话，推荐选用脂肪甘甜的鸡腿肉。

绮·幸的

蔬菜牛肉浓汤的做法

可能有人会认为把蔬菜和牛肉混在一起煮熟了就是蔬菜牛肉汤。
可事实并不是如此，让我们一起来看看专业厨师是怎么调味制作的吧！

1

将鸡腿肉切成比一口稍大的块。

2

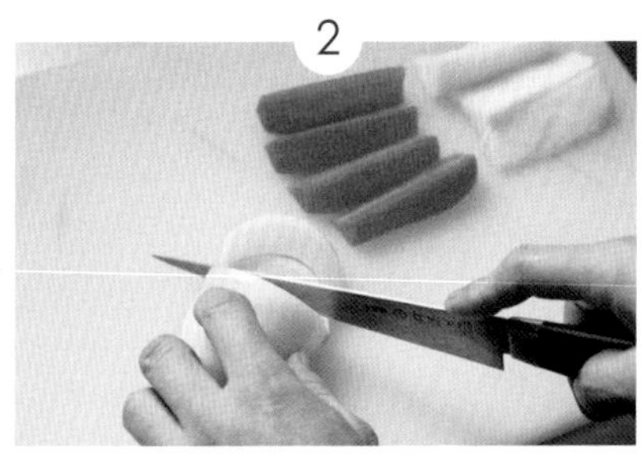

将洋葱竖着切成8瓣，胡萝卜拦腰切成两半，再纵切成4等份。萝卜和芹菜切成跟胡萝卜差不多的大小。番茄纵切成4等份。卷心菜不去芯，切成宽3 cm的几瓣。

3

鸡皮朝下放入锅里，更容易熟。

大锅中放入除卷心菜和灰口蘑以外的蔬菜，加入鸡肉，倒水至稍没过食材，加入月桂叶。煮的过程中，蔬菜会浮到水面上，所以为防汤汁溢出，水不要放得太多。

4

加入鸡骨汤颗粒，点火。

这样做，味道更专业

小贴士

请注意

将鸡肉放在菜上，慢慢炖煮至软烂

后放入卷心菜、灰口蘑和西红柿。有蔬菜的阻挡，鸡肉不直接受热，这样能使肉质更柔软。

食材（4人份）

鸡腿肉……2块（约500 g）
盐、胡椒……各适量
洋葱……1个
胡萝卜……中等大小1根
芹菜……1/2根
卷心菜……1/4个
萝卜……1/5根
番茄……中等大小1个
灰口蘑……1簇
水……600 mL
鸡骨汤颗粒……5 g

5
煮鸡腿肉时，汤表面会有浮油，在撇沫时要注意不要撇出太多浮油。

煮沸，撇去浮沫，转小火。

盖盖子，小火炖10分钟左右。

覆上卷心菜、灰口蘑，像在原有食材上盖上盖子一样。

8
因为做好后还要淋上酱汁，所以在煮的时候不要太咸，尝味道时感觉稍有些淡就可以了。

再盖上锅盖，煮15分钟左右。

酱汁的做法

在炖蔬菜和肉时就能做成的快手酱汁。
能凸显出料理的美味。

原材料

酱油……100 mL
酒、味淋……各40 mL
醋……30 mL
意大利香醋……20 mL
朝鲜辣酱……10 g
砂糖15 g
大蒜……1/2粒
芝麻油……适量

将朝鲜辣酱倒入大碗中，加入酒和味淋，慢慢搅拌。

均匀混合之后加入其他食材，用打蛋器打匀。

加入蒜蓉。

炖的时间越长，味道越浓厚。

清炖肉汤

Consomme

一般被作为法餐的开胃菜。主厨的手艺和细致的调理赋予其浓郁的风味。

浓缩了蔬菜鲜味的琥珀色清汤

清炖肉汤是一道做起来费时费力的汤品。只通过汤来品尝食材的味道，汤品简单但内涵却丰富。

横滨罗伊亚鲁帕卢酒店的铃木勇次主厨说：“做这道汤的重点是长时间的炖煮，需要中火炖煮至少3小时。为了保持汤的清澈，在煮的过程中要小心保持食材不碎掉。”

经过长时间的炖煮，汤汁的颜色会慢慢变化——从红色变成茶色，再慢慢变得清澈透明。这时，要频繁调整火候不让汤沸腾。清澈的肉汤炖好时，会有一种成就感。经验丰富的厨师才能做出美味的清炖肉汤。让我们跟着铃木主厨学习清炖肉汤的做法，试着做一下吧。

历史

起源于中世纪的法国

在17世纪的法国路易王朝，“汤”正式被写入菜单，成为一种常见菜肴。1549年，方济各·沙勿略在来到日本时将“汤”这道菜肴带到了日本。

清炖肉汤在法语中是“完成”的意思。它的历史可追溯到中世纪。做时一般使用牛肉或鸡肉高汤。这道汤香气浓郁，能在上主菜前充分调动起顾客的食欲。

【 教授人 】

横滨罗伊亚鲁帕卢酒店
法式餐厅
主厨 铃木勇次

擅长将传统的法式料理和当今的时尚完美结合。

法式餐厅

横滨市西区MINATOMIRAI2-2-1-3
电话：045-221-1155（需提前预约）
营业时间：午餐11:00—14:30
星期六、星期日、节假日营业到15:00
晚餐17:30—21:00
休息日：无

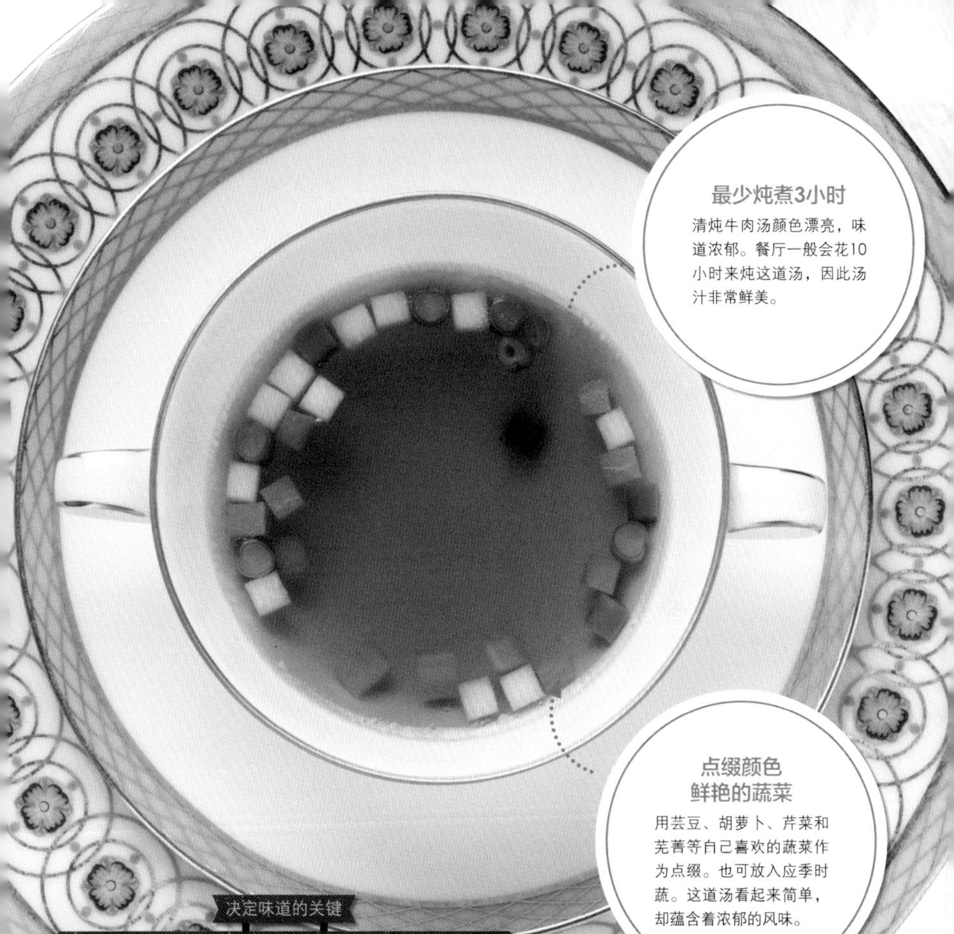

最少炖煮3小时

清炖牛肉汤颜色漂亮，味道浓郁。餐厅一般会花10小时来炖这道汤，因此汤汁非常鲜美。

点缀颜色鲜艳的蔬菜

用芸豆、胡萝卜、芹菜和芜菁等自己喜欢的蔬菜作为点缀。也可放入应季时蔬。这道汤看起来简单，却蕴含着浓郁的风味。

决定味道的关键

仔细拌匀肉和蛋清

加入香味浓郁的蔬菜前，先把肉和蛋清充分搅拌均匀至肉出现黏性。这时稍加些盐，能让味道更好。

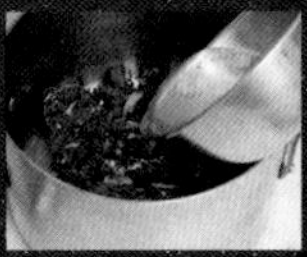

清炖肉汤的食材

Ingredients of Consomme

芹菜　番茄　鸡骨汤　蛋清　牛腿肉馅

可用鸡腿肉代替牛腿肉。蛋清能使食材更具黏性的同时，也会吸走汤的鲜味，因此以少为宜。

西芹梗

洋葱　胡萝卜

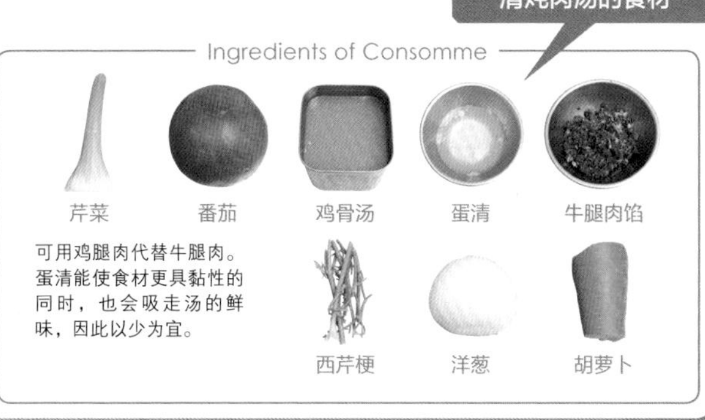

罗伊亚鲁帕卢酒店西餐厅的

清炖肉汤的做法

主厨亲自传授，做出清澈肉汤的方法。

1

搅拌肉和蛋清至肉产生黏性，加入切成适当大小的蔬菜，继续搅拌。

2

加入高汤至离锅沿2 cm处，注意要将高汤降至跟人体温差不多的温度。

3

开大火，持续慢慢搅动防止烧糊。

4

食材变稠时停止搅动，转小火。在食材中心戳一个洞，小火慢炖。

5

从中心开洞的部分慢慢滤出汤汁后，用过滤网滤至汤汁清澈。

食材（20人份）

清汤（买来的也可）……3 L
洋葱……1个
胡萝卜……1/2根
芹菜……1根
番茄……1个
牛腿肉馅……1 kg
西芹茎……少量
草蒿……少量
蛋清……150 mL

6

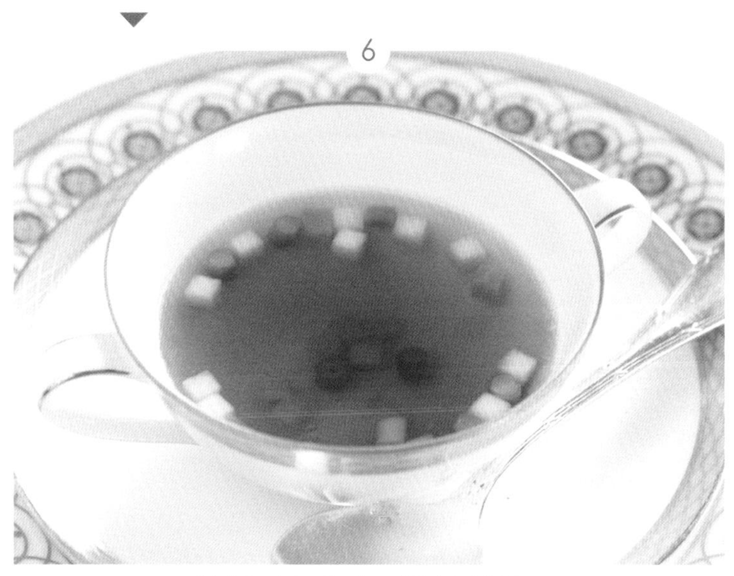

将汤汁装入碗中，放入芸豆、胡萝卜和芹菜等颜色鲜艳的蔬菜。

这样做，味道更专业

小贴士

请注意

多花时间煮出汤汁

小心滤出从中心洞口中溢出的汤汁。

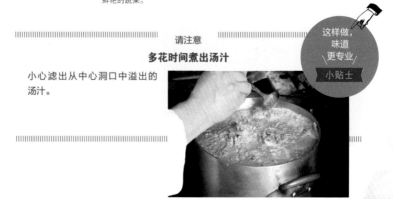

量超大的西餐

炸肉排

Cutlet

面粉包裹着厚切肉炸出的豪爽料理。
这种料理竟然是从日本发源的。

油炸是一种典型的日式料理法

炸肉排是一道将牛肉、猪肉或鸡肉裹上小麦粉、蛋液和面包粉后再油炸的日本西餐。食材是海鲜或蔬菜时，也会用“炸XX”命名。

炸肉排这一名称是由英语而来的。而英语中“炸肉排”的语源则是法语中的“烤排骨”。法国“烤排骨”的做法是将肉裹上面粉后用平底锅煎制而成的。像炸天妇罗那样将肉排炸熟的做法是日本独创的，出现于明治时代。到了大正时代，炸猪排和可乐饼、咖喱饭被并称为三大西餐。

历史

诞生于银座老店的日本炸肉排

据说炸肉排这一菜名最初出现在1860年由福泽谕吉编撰的《增订华英语通》中。

明治初期，炸肉排的做法是用平底锅煎，1899年银座的“炼瓦亭”西餐厅才做出了油炸肉排。油炸的做法在日本国内广为流传，确立了日式炸肉排的独特风格。

从这道炸肉排中，还衍生出了炸猪排和炸肉馅饼等菜品。

坐落在神户的人气餐厅“洋食的朝日”的经典菜就是关西风炸牛肉排。超柔软的半熟牛肉加上酥脆的面衣形成了一种完美的平衡。

这家餐厅的店主朝见先生说：“最重要的是炸制时的火候。在家做的时候可选用较大的锅，为了更好地控制火候，可以一块一块地炸。”炸的技巧一开始很难掌握，但炸几次就逐渐熟练了。让我们一起反复尝试，掌握炸肉排的技巧吧。

【 教授人 】

西餐的朝日
店主 朝见俊次

这家餐厅于1960年开业，一开始只是一个小吃店。约20年前，第二代店主朝见先生接手了这家餐厅，再次开始提供以西餐为主的料理。不久便出了名，成了人气餐厅。

西餐的朝日

兵库县神户市中央区下山手通8-7-7
电话：078-341-5117
营业时间：11:00—15:00
18:00—21:00
休息日：星期日

让牛肉柔软的秘诀是炸至半熟

洋食的朝日选用牛脊肉，炸至五分熟。肉呈现美丽的粉红色，且口感柔软，味道鲜美。炸的时候一定不要过火，否则肉会变硬。

酱汁一般使用蔬菜肉酱

洋食的朝日一般会耗时3天来熬制蔬菜肉酱。餐厅一般使用蔬菜肉酱来搭配炸肉排，但是也可用市面上卖的炸肉排专用酱汁替代。

决定味道的关键

精准把控火候

做油炸料理时，最难的就是把握时间和火候了。朝见主厨说：“在炸肉的过程中，有一瞬间肉会变轻浮起，这时候就可以了。”肉完全浮起时，代表已经过火了。炸的过程中应经常观察并用筷子扎扎肉排确认火候。

Ingredients of Cutlet

猪油

在家做时也可以不用。但把猪油加到炸制的油中可以使味道更香。

生面包粉

裹上一层生面包粉，可以使外皮更酥脆。

小麦粉

洋食的朝日的做法是，将肉裹上小麦粉后再静置一段时间。

蛋液

裹完蛋液后，面包屑可以裹得更加牢固。

炸肉排

牛脊肉

这种肉的特点是脂肪少、肉质软。也可使用牛通脊肉。

西餐的朝日的

炸肉排做法

均匀裹上面包粉，高温快炸至牛肉五分熟。
牛脊肉中的水分挥发后炸制更美味。

1

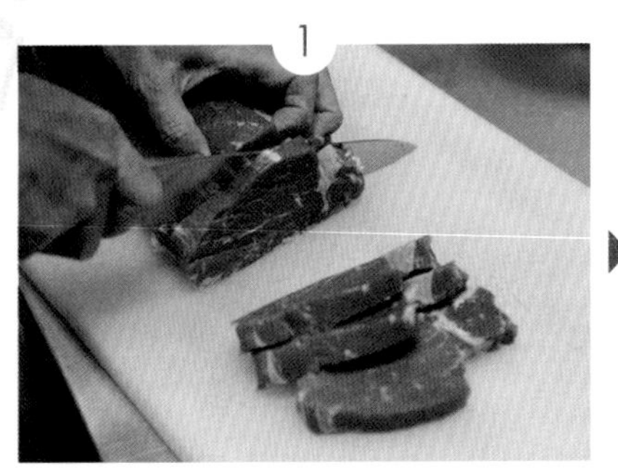

将牛脊肉切成约1 cm厚的块。抓上盐和胡椒。

2

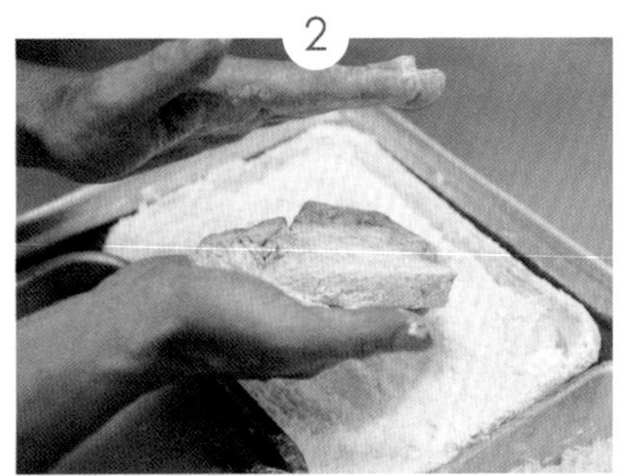

在牛脊肉上均匀地挂一层小麦粉。

3

将2放入冰箱冷藏约30分钟，使其中的水分挥发。

4

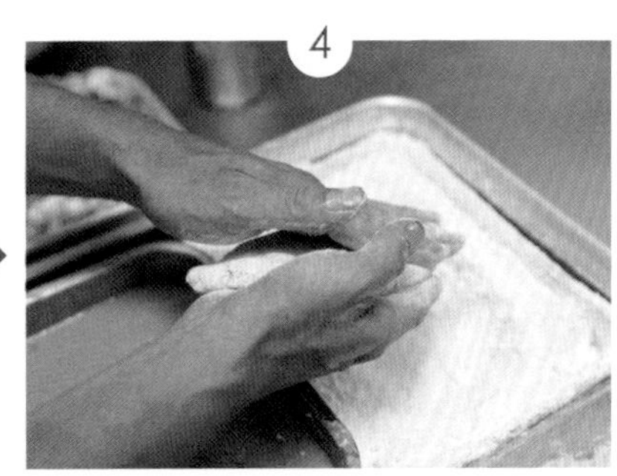

将3再均匀地挂一层小麦粉。

5

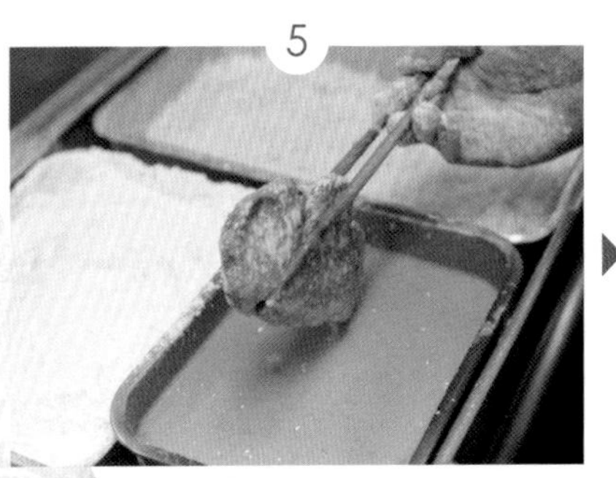

在4上裹一层蛋液。

6

在5上挂一层面包屑。裹好后拍掉多余的面包屑。

西餐的朝日的蔬菜肉酱

加入棕色沙司，炖煮1天，最后过滤。

炒牛筋和香味浓郁的蔬菜，并炖煮2天。

将牛筋和香味浓郁的蔬菜炒制后，再炖煮2天，最后加入棕色沙司炖煮1天。这种酱汁入口清爽的同时又香味浓郁，适合搭配炸肉排、汉堡肉等料理。

食材（4人份）

牛脊肉……400 g
小麦粉……适量
鸡蛋……适量
面包粉……适量
炸制油……适量
猪油……适量
盐……少量
胡椒……少量

7

在炸制油中加入猪油，加热到180摄氏度后，将6慢慢放入。

加入相当于炸制油量1/3的猪油。

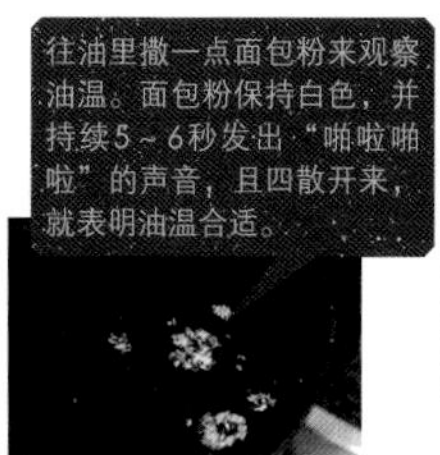

往油里撒一点面包粉来观察油温。面包粉保持白色，并持续5～6秒发出“啪啦啪啦”的声音，且四散开来，就表明油温合适。

8

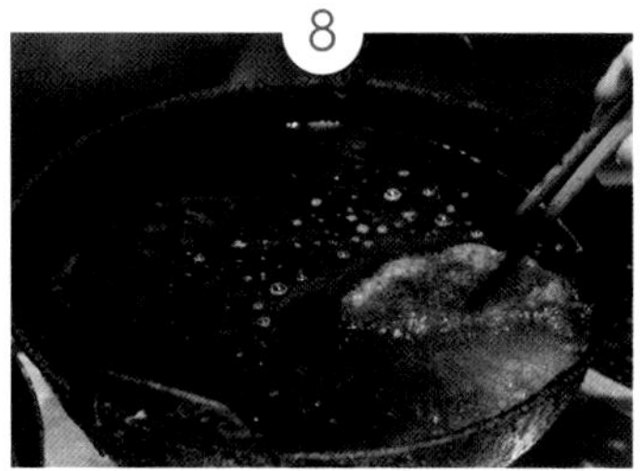

慢炸2分钟左右。偶尔用筷子扎一下，肉变轻浮上来时捞出。

9

切成容易入口的大小，热的时候能切得更整齐。

请注意

炸前冷藏能让肉排更酥脆

这样做，味道更专业

小贴士

炸肉排最重要的就是其酥脆的口感。牛脊肉中水分较多，外面的面衣很容易软掉。所以，可以在挂完小麦粉后，用冰箱冷藏30分钟左右。这样做能让多余的水分挥发，使面衣更加均匀，炸出来的肉排也更加酥脆。

多种味道汇聚一盘

炸什锦

Mix Fly

味道与口感各不相同的食材汇聚一盘。
从食材的选择上能体会到厨师的个性。

酥脆，软糯
这是不同食材的竞演

油炸料理是将鱼肉或蔬菜等食材裹上面衣，再经过油炸做成的。制作时要按照小麦粉、蛋液、面包粉的顺序来裹面衣。这道菜品的面衣要比天妇罗厚一些，这样更能凸显面包粉炸过后酥脆的口感，这也是油炸料理的一个特色。

这道菜的做法跟炸肉饼基本相同，只不过炸肉饼用的是牛肉、猪肉或鸡肉等肉类。日本的炸肉饼起源于法式炸猪排（Cotelette）。明治十八年，日本最初的炸猪排诞生于东京银座的“炼瓦亭”。随着这道菜的逐渐流行，人们开始不局限于猪肉，而是将更多的食材运用在这道菜的制作上，于是就有了食材各异的炸肉饼。现在，这道油炸料理已经成为日本西餐的经典之一。

而炸什锦就是集多种油炸料理于一盘的豪华菜品。由于这道菜的食材并不固定，所以在食材的选择上也能体现出厨师的个人特色。

历史

是谁推动了油炸料理的发展呢？

业界有很多种关于油炸料理发源的说法。在这里向大家介绍其中的一种。明治时代后期，炼瓦亭（坐落于东京银座）的厨师木田元次郎做出了大受欢迎的炸肉饼，受此启发，他开始尝试用其他食材制作油炸料理。在做出经典的炸虾和炸牡蛎后，木田主厨又创新出了一直沿用至今的吃法，即用圆白菜丝和伍斯特酱搭配油炸料理食用。

【教授人】

七条餐厅

店主兼主厨　七条清孝

位于小学馆地下的七条餐厅创立于昭和五十一年。清孝是第二代店主，在自学厨师后，又跟随法餐主厨北鸟素幸学习做菜，是一位经验丰富的大厨。

七条餐厅

千代田区神田1-15-7奥斯比斯（AUSPICE）内神田1F
电话：03-3230-4875
营业时间：11:30—14:00
18:00—20:00
星期六11:30—14:00
休息日：星期日、节假日

食材丰富的蟹肉奶油可乐饼

七条餐厅的蟹肉奶油可乐饼的原材料之一——白色酱汁，是由大虾、口蘑和洋葱等多种食材做成的。炸后酥脆的面衣和浓稠的酱汁完美结合，使可乐饼口感更加丰富。

每桌配备油炸料理专用的中浓酱汁

七条餐厅一直选用十分受食客欢迎的中浓酱汁品牌。另外餐厅自制的塔塔酱也非常美味！

七条餐厅的炸什锦由炸虾、炸扇贝和蟹肉奶油可乐饼组成。弹性十足的大虾十分夺人眼球；扇贝中心有些许泛生，汁水十足；可乐饼由餐厅特制的奶油做成，咬一口，酥脆外衣包裹的浓厚白色酱汁一下涌出……油炸，将原本口感味道都相差甚远的食材完美地融合。

决定味道的关键

塔塔酱

油炸料理不可或缺的好搭档——塔塔酱。七条餐厅特制的塔塔酱是由煮鸡蛋、洋葱、胡椒和西式腌菜等食材做成的。味道扎实，酸度刚好，能更好地凸显油炸料理的味道。

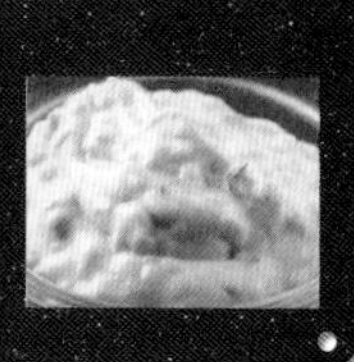

炸什锦的原材料

Ingredients of Mix fly

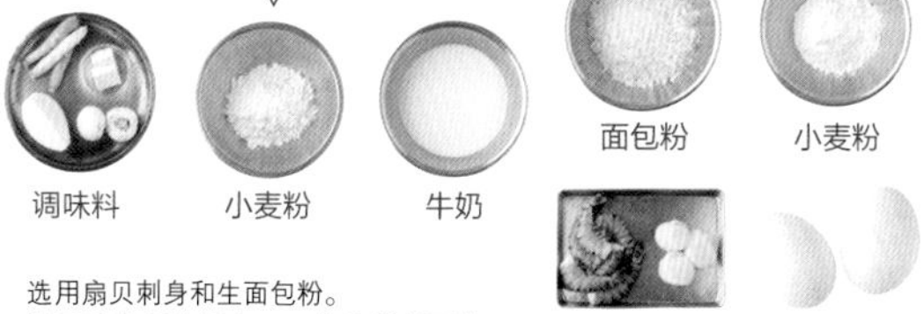

蟹肉奶油可乐饼用

调味料

小麦粉

牛奶

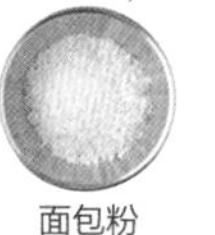

面包粉

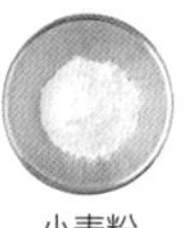

小麦粉

大虾、扇贝

鸡蛋

选用扇贝刺身和生面包粉。
做可乐饼用的蟹肉、口蘑和洋葱要事先炒一下。

七条餐厅的

炸什锦的做法

控制食材的大小，使不同的食材能被同时炸熟。
不论先吃哪一个，都是脆脆的，热乎乎的！

1

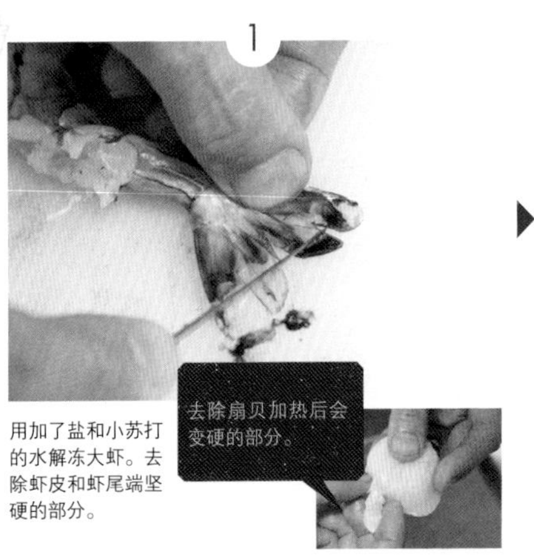

用加了盐和小苏打的水解冻大虾。去除虾皮和虾尾端坚硬的部分。

2

在处理好的大虾和扇贝上抹上少量盐。

3

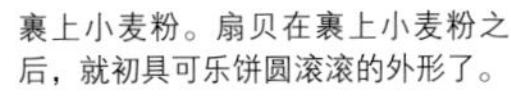

裹上小麦粉。扇贝在裹上小麦粉之后，就初具可乐饼圆滚滚的外形了。

4

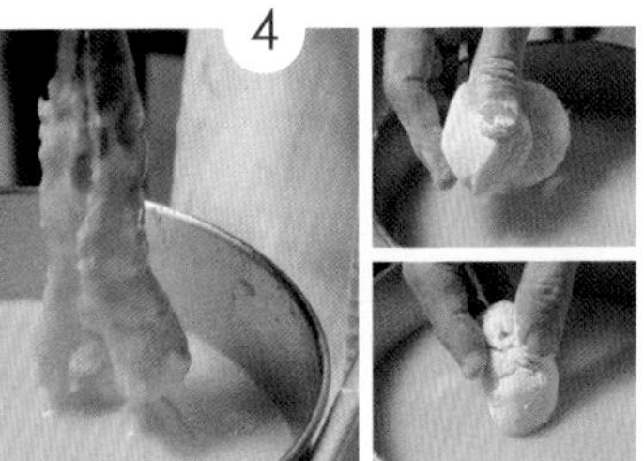

蘸蛋液，稍微控去多余的蛋液后裹面包粉。

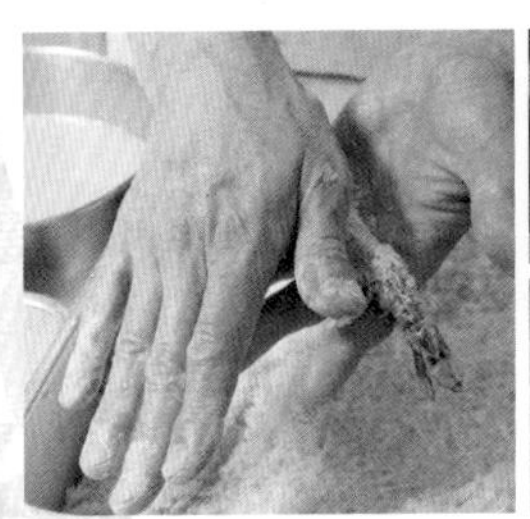

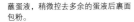

大虾在裹上面包粉后，变成类似掸子的形状。

5

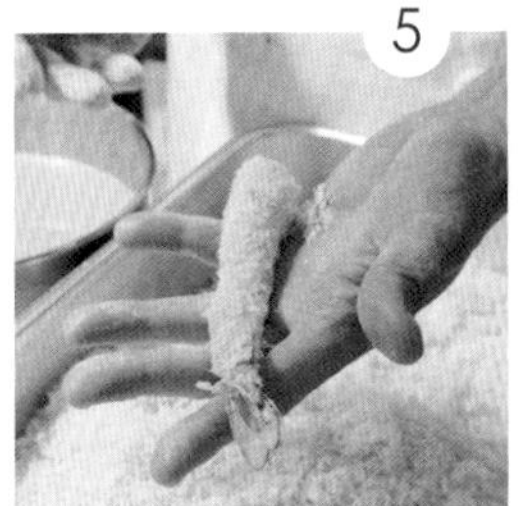

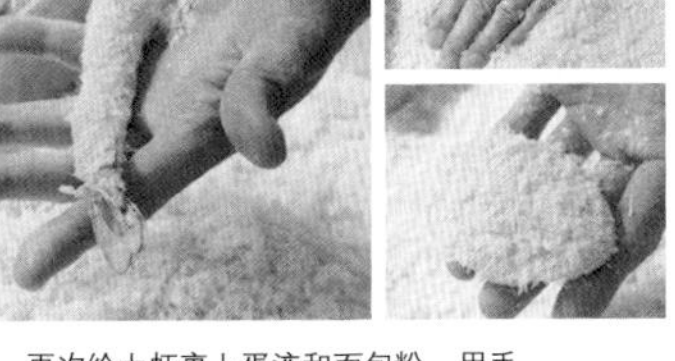

再次给大虾裹上蛋液和面包粉，用手轻轻按压，使面衣更加松软。

原材料（3人份）

大虾（冷冻）……6只
扇贝（刺身用）……3个
小麦粉……适量
鸡蛋……2个
面包粉……适量

蟹肉奶油可乐饼
蟹肉……30 g
洋葱……1/4个
口蘑……2个
黄油……27 g
小麦粉……34 g
牛奶……200 mL
盐、胡椒……适量

6

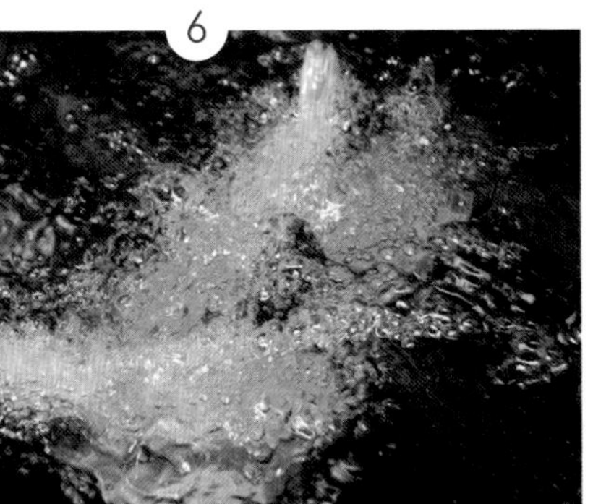

用炸锅炸制2分半至3分钟。油温以180摄氏度为宜。

7

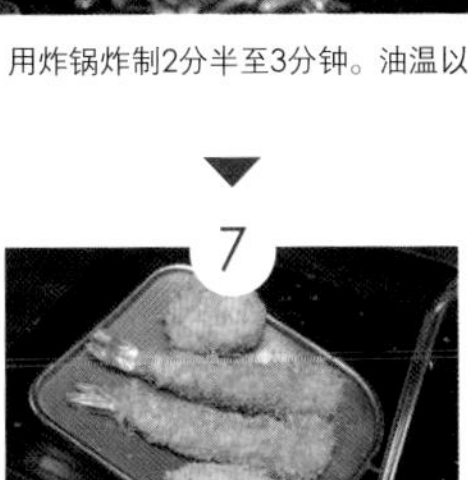

将食材同时放入炸锅炸制。选用体形偏大的扇贝，炸至中心部位有些许泛生。

8

盛入盘中。七条餐厅的配菜是蔬菜沙拉、西红柿、土豆沙拉和塔塔酱。

蟹肉奶油可乐饼的做法

蟹肉……30 g
洋葱……1/4个
口蘑……2个
黄油……27 g
小麦粉……34 g
牛奶……200 mL
盐、胡椒……适量

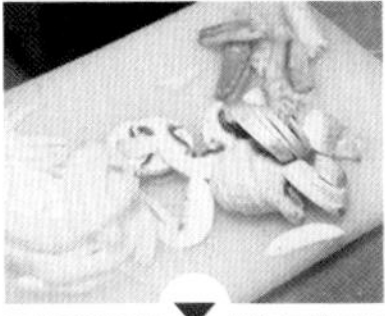

除去蟹肉中的硬壳，将洋葱和口蘑切成约1 mm的碎丁。锅中放黄油，微火炒制洋葱约10分钟，当洋葱变软时加入口蘑和蟹肉，并加入盐和胡椒调味，再炒2~3分钟。

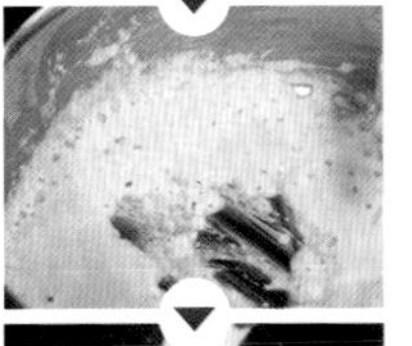

锅中加热熔化黄油，加入小麦粉充分混合。当锅中出现细小的泡沫（如图）时，分5次倒入事先温好的牛奶。

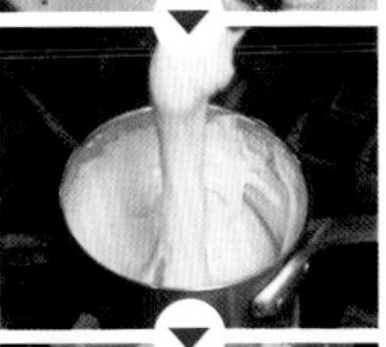

一点点加入牛奶。充分搅拌至均匀后再次加入牛奶搅拌。加入全部牛奶后，锅中食材会变得浓郁黏稠（如图），这时加入盐和胡椒调味。

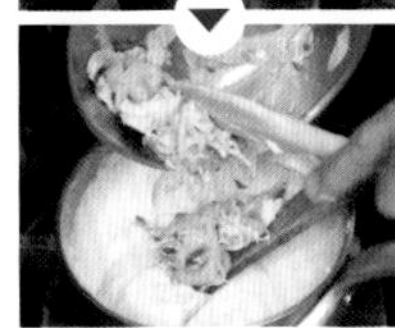

加入步骤1中的食材。因为所有食材都已经事先调好味了，所以味道会更加扎实。关火后盛入平底盘中，罩上保鲜膜防止表面变干，晾凉后放入冰箱中冷藏约1小时。

这样做，味道更专业

小贴士

请注意

如何做出笔直的炸虾

去除虾线后，在虾侧面斜切两刀，用力按压虾身，会发出虾筋被切断的“噗噗”声，这时大虾就能被拉成笔直的形状了。第二次裹面包粉之前，用手滚动一下大虾，能使其形状更加笔直。

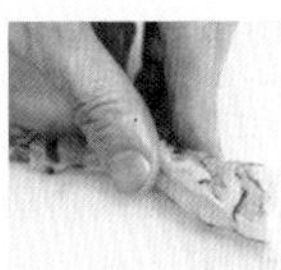

酥脆的面衣包裹着多汁的肉馅

炸肉馅饼

Fried cake of Minced Meat

中间的肉馅饼和汉堡肉很像。
掌握了这道菜的做法，你也是西餐达人。

肉饼成型 控温
让炸肉饼不油腻的小技巧

定食店的炸肉馅饼是永远吃不腻的。偶尔也会奢侈一下，还会去西餐厅吃这道菜，毕竟这是一道想想就会让人流口水的菜。要说哪里的炸肉馅饼最好吃，那非专业油炸料理餐厅莫属了。

一到午餐时间，这家名为“炸肉饼　四谷竹田家”的餐厅门前就会排满饥肠辘辘的学生和上班族。店主将会为我们介绍炸肉饼的做法和油炸料理的精髓。首先，怎样才能让肉馅饼更好地成型呢？竹田主厨说：“做法跟汉堡肉基本相同。不同的是，在烤之前，要把汉堡肉中央压得稍微凹进去，而在做肉馅饼时，要边把它捏成橄榄球状边挤压出肉团中的空气，在裹完面包粉马上要入油锅前，再压成饼状。”接下来，要注意的是油的温度。最合适的油温是167～168摄氏度。最好能用温度计来测量。没有的话，可以在油锅中撒入少量面包粉，面包粉先下沉再浮上油面时油温大约为170摄氏度。可以根据这个来大致推断油达到167～168摄氏度的时间。此外，还要注意捞出肉饼的时间。捞出后要控油1分半后才能吃。使用自制酱汁味道更好！

历史
美味的融合日式西餐

炸肉馅饼诞生在日本。在有关它起源的说法中，其中有名的一种其诞生于明治—大正时代的浅草。当时，浅草是东京最繁华的闹市区。随着文明开化的进程，人们的饮食方式也渐渐西化，其中上层社会的人们尤为喜爱时髦的西餐。

炸肉馅饼的肉馅跟汉堡肉相似，表皮跟炸猪排相同。而两种菜品恰好是当时西餐厅的经典菜品。在做员工餐时，厨师会用炸猪排剩下的面皮裹着汉堡肉炸给员工们吃。没想到这道“员工餐”却受到了人们的喜爱，并逐渐流行开来。

【　教授人　】

炸肉饼　四谷竹田家

店主　竹田雅之

这家店的前身是“洋食爱丽丝”，是竹田主厨的父亲在筑地开的第二家分店。现在，“炸肉饼 四谷竹田家”重新装修开业，并且只提供油炸料理，深受四谷的学生和上班族的喜爱。

炸肉饼　四谷竹田家

东京都新宿区四谷1-4-2峰村大楼1F
电话：03-3357-6004
营业时间：11:00—15:00
17:00—21:00
星期六只中午营业
休息日：星期日、节假日

用配菜来调整色彩和营养比例

菜品的品相很重要。搭配了卷心菜丝和蔬菜肉酱，炸肉馅饼变得更加美味。

炸后要充分控出油分

炸好后不能马上吃。控掉多余的油分是最后，也是最重要的一步。让等待也变成一种乐趣吧！

决定味道的关键

做酱汁时也不能掉以轻心

用超市买来的伍斯特酱或中浓酱搭配自制的炸肉馅饼，就有些浪费了。这时你只需要一罐蔬菜肉酱罐头。市面上的罐装蔬菜肉酱味道会更加浓郁丰富。以此为基础来创造自己的酱汁吧！

炸肉馅饼的原材料

Ingredients of Minced Meat

混合肉馅

在选用廉价的进口肉时，加一些和牛的脂肪，会让味道更鲜美。

面包粉

准备约1杯即可，也可根据个人喜好调整用量。

洋葱

切碎，喜欢洋葱的口感的话，可以切得稍大块些。

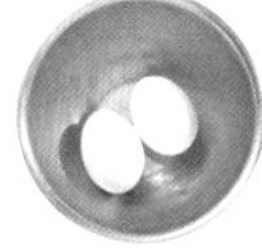

鸡蛋

一部分拌到肉馅里，一部分用来做面衣。

炸肉饼 四谷竹田家的

炸肉馅饼做法

向大家介绍油炸料理专卖店的做法！
尝试一下，竟意外的简单。

在大碗中加入Ⓐ（除肉以外）中的所有食材。

加入盐和胡椒，充分揉匀。

加入肉馅，充分揉捏摔打至产生黏性。

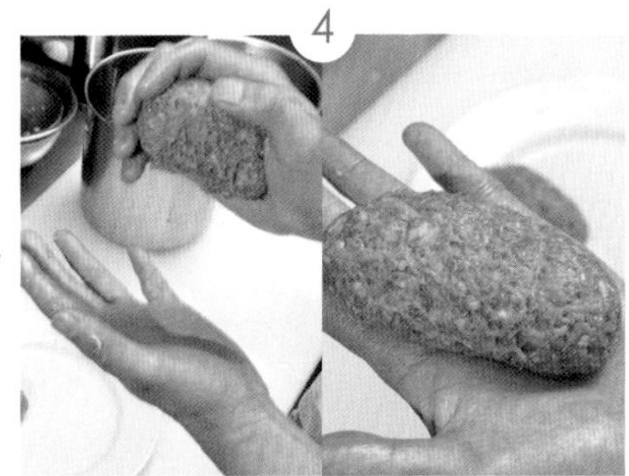

捏成大小适中的橄榄球状的同时，排出其中的空气。

请注意

用边角料来制作美味的蔬菜肉酱

将平时做菜剩下的蔬菜边角料、肉筋等冷冻保存。需要时，将其翻炒后，加入水和红酒炖煮。将煮出来的高汤过滤后，加入煮菜肉酱罐头，快做好时加入固体高汤，再用少量番茄酱和月桂叶调味。这就是正宗的蔬菜肉酱了。

食材

Ⓐ
- 混合肉馅……300 g
- 洋葱碎……75 g
- 鸡蛋……中等大小2个
- 盐……1小匙
- 黑胡椒……1/2小匙
- 肉豆蔻……少量

低筋粉……适量
蛋液……中等大小鸡蛋3个
面包粉……1杯

5

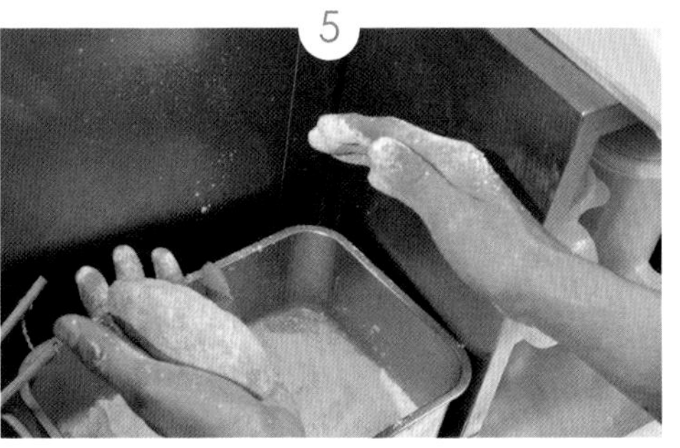

在肉球上均匀地裹上低筋粉。注意要轻轻拍去多余的面粉。

6

蘸蛋液后，裹上面包粉。用手将肉球轻轻按压成厚约3 cm的肉饼。

7

肉饼坯完成。

炸肉馅饼

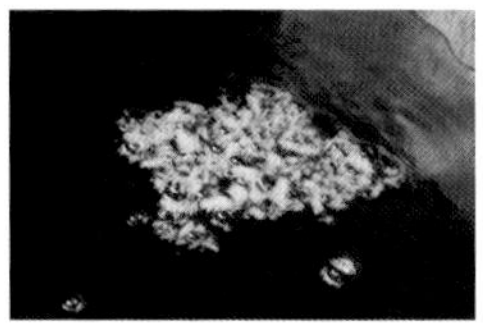

首先用面包粉确认油温。在油温达到167～168摄氏度时放入肉饼。

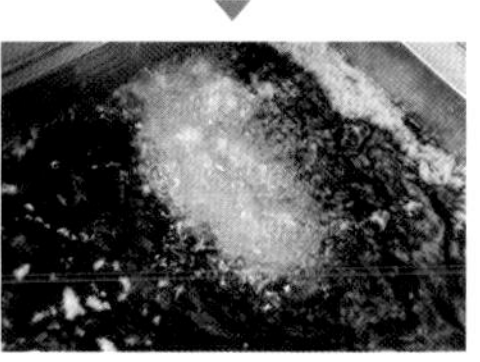

肉饼沉下再浮起时翻面。

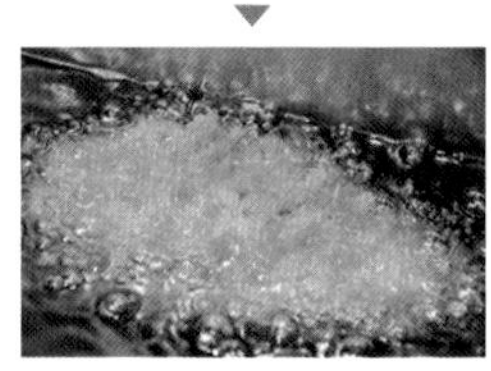

炸制的声音变急促时捞出。

放在架子上控油，约1分半钟。

日本的国民美食

咖喱

Curry

以其独有方式发展的西餐——日式咖喱。
不同餐厅做的咖喱味道千差万别，这一点深深俘获了食客们的心。

日式咖喱　独特的“西餐”

日本的咖喱最初是于明治时期由英国传入的。

现在我们也常吃印度咖喱和泰式咖喱，但西餐的“咖喱”一般还是指搭配米饭食用的咖喱，也就是咖喱饭。文明开化后，多元的饮食文化纷纷传入日本，其中，咖喱以其独特的方式发展着。

三笠会馆的招牌菜是特制印度风鸡肉咖喱，这道菜诞生于昭和初期。这家餐厅的咖喱，从制作咖喱高汤开始到成品，需要花费3天的时间。用加有浓郁高汤的咖喱汤底，就能做出咖喱酱。这道咖喱在制作过程中不使用小麦粉，而是用蔬菜、水果和鸡骨熬出的胶质来给汤底增稠，这也是其特色之一。

三笠会馆的主厨佐佐木雅浩说：“想做出美味的咖喱来，最重要的是要认真制作汤底。”也许正是因为这家餐厅对人力和物力的投入，才有了如此美味的咖喱吧。

历史

从明治初期开始快速流行开来的日式咖喱

咖喱诞生于印度，后传入欧洲。明治初期，英国人发明的咖喱粉进入日本市场。此后，咖喱就迅速渗透到日本的饮食文化中。

大正末昭和初期，售卖咖喱粉的店铺急剧增加。也是在这个时期，咖喱名店“中村屋”在印度人“做纯正印度咖喱”的建议下诞生了。战后，日本咖喱迎来的最大革新是咖喱块的诞生。就这样，咖喱逐渐发展为日本的国民美食。

【　教授人　】

三笠会馆

厨师长　佐佐木雅浩

带着“重新诠释西餐”的初心，银座洋食“三笠会馆”于2007年开业了。佐佐木主厨一直秉承着“继承传统的同时，追求更高的美味”这一理念。

三笠会馆

东京都丰岛区南池袋1-28-2
池袋商场（PARUCO）7层
营业时间：
午餐11:00—15:00
晚餐15:00—22:00
休息日：无

在这里，可以品尝到多种口味的咖喱

咖喱种类繁多，有蔬菜咖喱和肉咖喱等。这家餐厅会在鸡肉咖喱里加入鸡翅和鸡肫。这是因为这家餐厅秉持着“物尽其用”的传统理念，坚持不浪费鸡的任何部位。

不加小麦粉的咖喱

大多数店铺在做咖喱时都会使用加有小麦粉的咖喱块，但三笠会馆坚持只使用鸡胶质、蔬菜、水果和咖喱粉来做出浓郁黏稠的咖喱。

决定味道的关键

咖喱汤底

负责制作咖喱的粂（kume）大厨说：“咖喱汤底是决定咖喱是否美味的关键因素。”这家餐厅坚持使用将鸡高汤、鸡脖子、蔬菜和辣椒一起长时间炖煮后，冷却一晚形成的胶状汤底。

制作咖喱的食材

Ingredients of Curry

咖喱酱

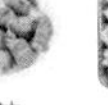

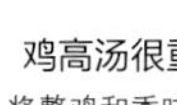

生姜 胡萝卜 鸡肫 鸡翅

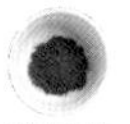

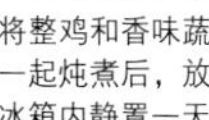

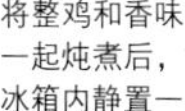

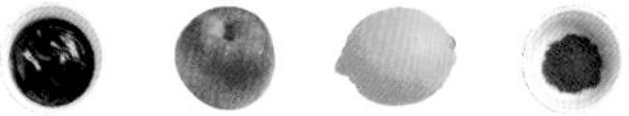

印度酸辣酱 苹果 柠檬 藏红花

选用口感截然不同的鸡肫和鸡翅，搭配新奇。此外，还要选用两种市贩的咖喱粉。

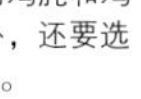
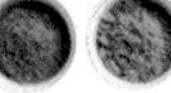

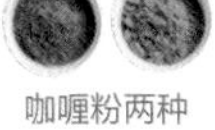

咖喱粉两种

鸡高汤很重要

将整鸡和香味蔬菜一起炖煮后，放入冰箱内静置一天。

咖喱汤底

洋葱 鸡脖子 大蒜

香菜 小豆蔻 红椒

熬鸡高汤时要加入大量的洋葱和大蒜。在鸡脖子上划几刀能更好地释放出它的鲜味。

三笠会馆的

印度风鸡肉咖喱的做法

耗时三天才能做好的三笠会馆传统咖喱。
要诀是不惜时间。

咖喱汤底

1

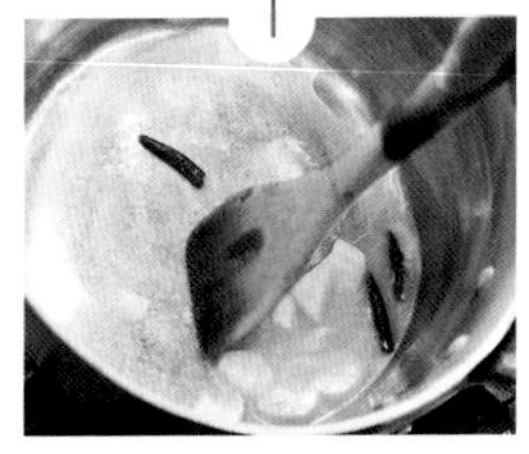

把黄油、大蒜和红干辣椒送入锅中，用木铲边碾压边翻炒。

2

加入切块的洋葱炒至变软，放入切过花刀的鸡脖子，继续炒制。

3

加入鸡高汤，并煮沸。

4

加入磨碎的香菜和小豆蔻，熬煮4小时。汤汁变黏稠后冷却，放至冰箱，静置一晚。

如何熬出鸡高汤

三笠会馆选用一整只鸡来熬制高汤。虽然有些费时费力，但这样的高汤是做咖喱时不可或缺的。将1.5 kg鸡骨和香味蔬菜（洋葱200 g、胡萝卜100 g、芹菜少许）小火炖煮后，放入冰箱静置一晚。一般选用比较浓的鸡高汤来做咖喱。

1. 在5.5 L水中加入处理干净的鸡骨和香味蔬菜，小火慢煮（注意不要把汤汁煮浑）。
2. 将煮出的清澈汤汁放入冰箱，冷藏一晚，味道会更浓郁。

这样做，味道更专业

小贴士

请注意

不要把咖喱粉烧焦了

煮咖喱粉的火候很重要。加热能激发出咖喱粉的香味，但也要注意在合适的时间关火。一定别把咖喱粉烧焦，烧焦的咖喱会带有无法去除的苦味，影响最后的味道。

食材（10人份）

咖喱汤底
鸡高汤……1.4 L
洋葱……400 g
鸡脖子……400 g
大蒜……8 g
黄油（无盐）……18 g
红椒……1根
小豆蔻……1.2 g
香菜……0.5 g

咖喱酱
咖喱汤底……0.7 L
鸡翅……500 g
苹果……1.5个
胡萝卜……65 g
印度水果辣酱……28 g
大蒜……10 g
生姜……12 g
柠檬汁……少量
藏红花……少量
黄油（无盐）……13 g
咖喱粉……55 g

咖喱酱

1

将冷却成冻状的咖喱汤底恢复到室温，放入滤网，一边捣碎一边过滤。捣得越碎越能激发出咖喱的鲜味。

2

充分搅拌均匀，直到酱汁变得非常细腻，这是使咖喱浓稠的秘诀。

将苹果、大蒜、印度水果辣酱和1中的咖喱汤底一起煮沸。

3

通过加热，让咖喱粉的香气渗透进汤内很重要。

在2中加入炒到干燥的咖喱粉（做法参照上页的“这样做，味道更专业”）后，再加入生姜汁。

4

将鸡翅切成两半，表面涂油后放入烤箱，250摄氏度烤制，使其上色。

5

在3中加入4的鸡翅和煎过的鸡肫。

6

鸡翅煮熟后和鸡肫一同捞出。煮的时间不要过长，否则肉会脱骨。

7

最后在咖喱中加入柠檬汁、藏红花和黄油调味，浇在捞出的鸡肉上后静置一晚。

让人心情愉悦的

那不勒斯面

Neapolitan

这道美食能让人回忆起在公寓楼下的小餐馆吃饭的场景。
这道怀旧美食诞生于横滨的一家酒店。
就让这家酒店的大厨来教我们怎么做吧。

那不勒斯面诞生于占领军管辖的横滨

那不勒斯面是西餐里的经典菜品。说起这道菜，很多人都会觉得这就是一种用番茄酱调味的轻食。但新大陆酒店的那不勒斯面却是饱含着历史和品质的。

新大陆酒店诞生于关东大地震后的昭和二年。第一任厨师长是曾在巴黎的酒店工作过的瑞士人萨利・韦尔。萨利・韦尔创制出了许多菜品（多利安饭等），为日本西餐的发展奠定了基础。

入江茂忠是第二任厨师长。入江厨师长秉持着不断进取的精神，创制出了这道那不勒斯面。做这道菜时，厨师长会使用大量的蒜、生番茄和番茄酱。将其和炒过的火腿、洋葱和口蘑均匀混合后，再点缀上帕尔马干酪和西芹。

这种做法来源于中世纪的那不勒斯，那时商贩们会在路边的篷车里贩卖番茄酱意面，所以这道菜被称为那不勒斯面。这道菜从问世至今，一直都是国民人气西餐。

历史

灵感来源于美国士兵

占领军管辖横滨时，美国的士兵经常用番茄酱就着意大利面吃。以此为灵感，新大陆酒店的主厨做出了这道面。这家酒店坚持使用上乘的食材和精湛的调理法。他家的那不勒斯面里不加一滴市贩的番茄酱，而是使用原汁原味的自制番茄酱。

【 教授人 】

新大陆酒店・咖啡馆

厨师长　长谷信明

2011年就任厨师长一职。在这家洋溢着轻松气息的美国西海岸风咖啡馆中，入江茂忠主厨创新的那不勒斯面依旧是人气菜品。

新大陆酒店・咖啡馆

神奈川县横滨市中区山下町10
新大陆酒店1层
电话：045-681-1841
营业时间：10:00—22:00
休息时间：无

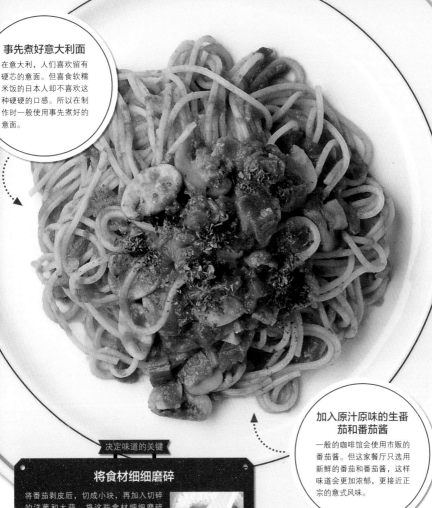

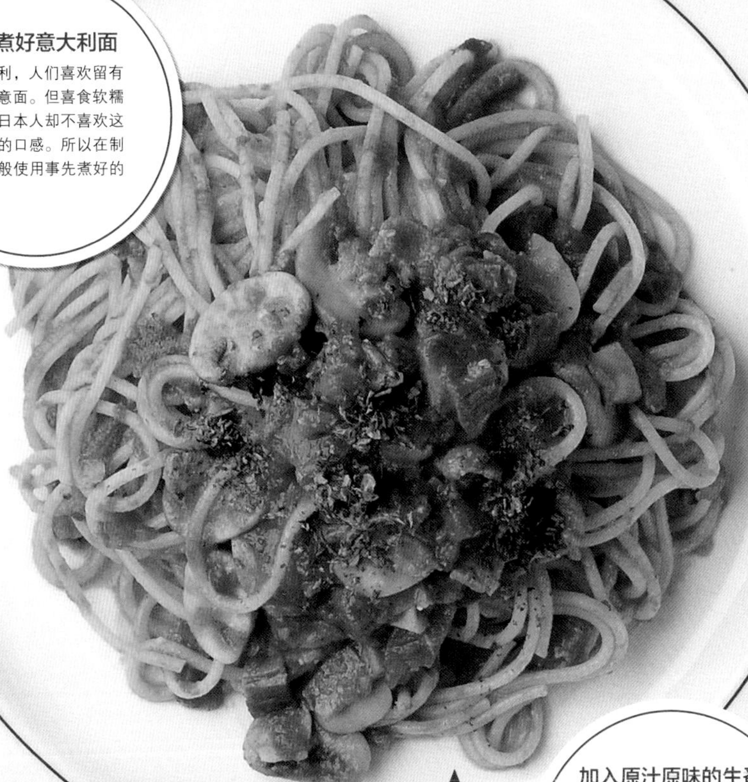

事先煮好意大利面

在意大利，人们喜欢留有硬芯的意面。但喜食软糯米饭的日本人却不喜欢这种硬硬的口感。所以在制作时一般使用事先煮好的意面。

加入原汁原味的生番茄和番茄酱

一般的咖啡馆会使用市贩的番茄酱。但这家餐厅只选用新鲜的番茄和番茄酱，这样味道会更加浓郁，更接近正宗的意式风味。

决定味道的关键

将食材细细磨碎

将番茄剥皮后，切成小块，再加入切碎的洋葱和大蒜。将这些食材细细磨碎到吃不出蔬菜的口感，这样会让味道更好。

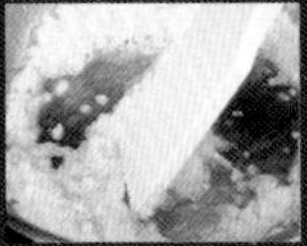

那不勒斯面的食材

Ingredients of Neapolitan

意面

火腿

罗勒

西芹

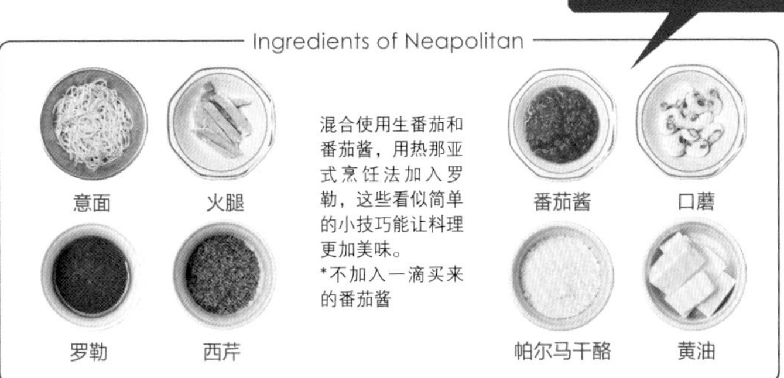

混合使用生番茄和番茄酱，用热那亚式烹饪法加入罗勒，这些看似简单的小技巧能让料理更加美味。
*不加入一滴买来的番茄酱

番茄酱

口蘑

帕尔马干酪

黄油

新大陆酒店 · 咖啡馆的

那不勒斯面做法

橄榄油和黄油赋予意面丰富的味道。

1

加热橄榄油，放入大蒜炒香。

2

加入洋葱，炒至透明。

3

加入番茄酱和生番茄，搅拌均匀。

4

炒至水分挥发，加入白胡椒和罗勒调味。

这样做，味道更专业 小贴士

请注意

不使用市贩番茄酱

番茄是决定那不勒斯面味道的关键。开水煮一下生番茄后更容易去皮。将番茄切碎后再加入自制番茄酱。这样能使酸味更加爽口。

食材（酱汁为6人份，面为1人份）

火腿……80 g
生口蘑……3个
大蒜（切末）……1片半
洋葱（切末）……1个半
番茄（大・切块）……2～3个
番茄酱……60 g
意大利面（事先煮熟）……180 g

罗勒油
・橄榄油……50 mL
・罗勒……30 g
橄榄油……30 mL
白胡椒……少量
盐……少量

5

混合橄榄油和黄油炒制火腿和生口蘑。

6

加入4中的番茄酱。

7

放入意面，充分搅拌。加盐调味并撒上罗勒。

咖啡馆和西餐厅的经典人气美食

肉酱意面

Meat Sauce Spaghetti

肉的鲜味和番茄的完美搭配，怀旧西餐的代表。

用罐头做出简单又美味的意面吧

萨波鲁餐厅位于神田神保町，创业于昭和三十年，是当地非常有名的餐厅。

店长铃木雄文先生说：“在这片区域活动的基本是学生，所以菜要做得好吃、便宜、量大。”这家店也因此大获学生们的好评。29年前，以西餐为主的萨波鲁二号店开业了。这家店的主厨是从第一家餐厅开业起就在此工作的甲斐丰大厨。萨波鲁餐厅最有名的两道菜是那不勒斯面和肉酱意面。在我们问到肉酱意面时，甲斐主厨笑着说：“萨波鲁餐厅开业时，网络还不像现在这么发达，也没有那么多的美食信息。所以我就去各种西餐店里吃饭。吃到了好吃的意面时，就会问问人家是怎么做的。现在店里意面的味道，正是从那时开始一点点积累起来的。我家做肉酱时会使用一半的市贩成品，虽然这样有点‘偷懒’，但因为订单量太大，实在是做不过来了。”

历史

日本最初的肉酱意面竟起源于新潟县！？

意面起源于意大利。虽然现在国内的意大利餐厅越来越多，意大利菜的种类也越来越多，但大多数人最初接触的意大利菜还是肉酱意面吧。

最先把肉酱意面写入菜单的餐厅是位于新潟县的意大利轩酒店（明治七年开业），这是现今可查的有关肉酱意面最古老的记录了。

【 教授人 】

萨波鲁餐厅

主厨　甲斐丰

萨波鲁餐厅招牌菜——超大量意面的制作人。甲斐大厨一直在萨波鲁餐厅当厨师，在二号店开业后成为店里的主厨。他为了开发新菜品，经常会去各种西餐厅品尝美食，一边学习一边制作。

萨波鲁餐厅

东京都千代田区神田神保町1-11
电话：03-3291-8405
营业时间：8:30—23:00
（午餐时间11:00—14:00）
休息日：星期日

使用大量红酒（半瓶）

甲斐主厨说："用便宜的红酒也可以，但一定要够量。"红酒的香气会衬托出食材的美味。还有一点很重要，就是在倒入红酒后要长时间熬煮，才能使其中的酒精充分挥发。

使用人造黄油，使意面的香味更丰富

事先煮好意面，在要用时再重新加热一下就好了。这是一直以来日本意面的做法。在其中加入人造黄油是萨波鲁餐厅的独创做法。

决定味道的关键

巧用罐头

"Sabouru"使用亨氏的肉酱罐头，但亨氏现在只售卖专供餐厅使用的大包装肉酱罐头，可能不太适合家庭使用。市面上还有许多其他品牌的肉酱罐头，大家可以尝试选择自己喜欢的味道。

肉酱意面的原材料

Ingredients of Meat Sauce Spaghetti

到用时，再把已经煮熟的意面重新加热。洋葱等食材要切成碎碎的小块。

萨波鲁餐厅的

肉酱意面做法

来挑战一下这道人气超高的肉酱意面吧！

1

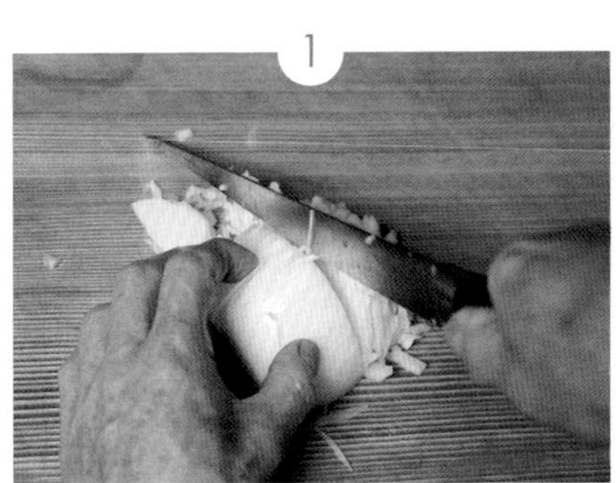

将洋葱、胡萝卜、大蒜、芹菜和口蘑切成碎碎的小块。

2

在深口锅底涂色拉油，炒大蒜。

3

炒出蒜香后，加入其他蔬菜。

4

另取一个平底锅，不加油翻炒肉末至水分挥发。再加入黑胡椒和盐调味。

这样做，味道更专业

小贴士

请注意

一定要将食材切得碎碎的

在做萨波鲁风肉酱意面时，要把洋葱、大蒜、芹菜和口蘑切到非常细碎。这样能使肉酱口感更加柔和。加入市贩的肉酱后，充分加热搅拌直到两种酱汁充分融合。

在煮蔬菜的锅里加入炒过的肉末。

加入鸡高汤和月桂叶。

关火，倒入红酒至刚好没过锅内食材。边中火加热边充分搅拌。

撇出浮沫，煮至分量减少到最初的一半（约1小时）。

加入市面上卖的肉酱（约2长柄勺）。

按个人喜好加入适量番茄酱调味。转大火，撇出浮沫和多余的油分，煮至沸腾。重复两次，味道充分融合后肉酱就做好了。

平底锅内加入色拉油和人造黄油，翻炒事先煮熟的意大利面，加入盐和胡椒调味。盛入盘中，浇上酱汁。

食材（2人份）

洋葱（大）……1个
胡萝卜……1/3根
大蒜……1瓣
芹菜……1/3根
口蘑……适量
色拉油……1大匙
混合肉馅……300 g
黑胡椒……适量
盐……适量
鸡高汤……2小匙
月桂叶……2片
红酒……约1/2瓶
番茄酱……适量
煮意大利面……400 g
色拉油、人造黄油……适量
盐、胡椒……适量

蓬松柔软的鸡蛋是关键!

蛋包饭

Omelet Rice

根据饭的鸡蛋形态的不同，蛋包饭可以分为很多种。
今天给大家介绍这种鸡蛋半熟的蛋包饭。

金黄色的蛋包饭，让你的心和胃都得到满足

蛋包饭的名字是法语中“煎蛋（omelette）”和英语中“米饭（rice）”的结合，属于日语中的和制外来语。蛋包饭是日本独有的一种料理，一般来说，其做法是，用番茄酱或黄油给米饭调味后再将其裹进煎蛋皮里。在一系列简单的食材中，鸡蛋、番茄酱和蔬菜肉酱是决定蛋包饭味道的关键。此外，用一只平底锅就能做好也是蛋包饭的特点之一。

用贺俱乐部坚持使用从开业起延续至今的菜单，最多时一天接受100个蛋包饭的订单。他家蛋包饭的吃法是将煎蛋盖在饭上，再用刀切开。切开的半熟鸡蛋一下包裹住米饭，金黄的颜色让人食指大动。

除了这种常规的蛋包饭，他家还有用加入了蘑菇、紫苏和芝麻的酱油炒饭打底的蛋包饭。将蔬菜肉酱改为明太子酱或白酱，也会有完全不同的味道。味道多变也是蛋包饭的特色之一。

历史

曾是“用一只手食用”的料理

说起“蛋包饭发祥于哪一家餐厅”这一问题，最有信服力的两种说法是东京银座的“炼瓦亭”和大阪心斋桥的“北极星”。蛋包饭一开始是“炼瓦亭”的员工餐。20世纪初，这家店生意好到主厨没有时间坐下来吃一口饭，只能边炒菜边用另一只手吃饭。顾客偶然看到了厨师吃的蛋包饭，出于好奇点了一份。自此之后，蛋包饭就正式被写入了西餐厅的菜谱中。

【 教授人 】

用贺俱乐部

主厨　饭沼秋敏

曾在东京都的餐厅内工作，于6年前来到用贺俱乐部。“端出能让顾客展露笑颜的料理”是他一直坚持的理念。

用贺俱乐部

东京都世田谷区玉川台2-17-16
世田谷大师屋（Meister House）1F
电话：03-3780-8301
营业时间：11:30—15:00（午餐）、15:00—18:00（下午茶）、18:00—23:00（晚餐，最后点餐时间：22:00）
休息日：无

微甜的番茄酱

大蒜和橄榄油腌制去过皮，切成1 cm大小的鸡胸肉约1天，使肉充分入味。

耗费时间的蔬菜肉酱

将牛骨、牛小腿肉、鸡骨肉和蔬菜一起炖煮至少10小时后，放入冰箱静置2天。因为做起来很费时，且长时间放置不会影响其味道，所以可以一次多做些（用贺俱乐部一次做30升）。

决定味道的关键

鸡蛋

鸡蛋像花一样绽开，看着就觉得十分美味。做出蓬松柔软的鸡蛋的秘诀是控制火候和煎制时间。制作时间约为1分钟，注意不要烧焦了。

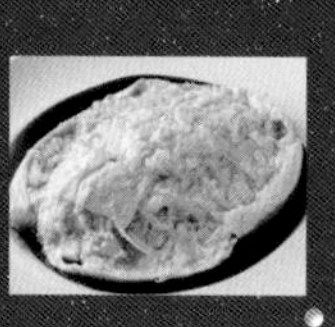

蛋包饭的食材

Ingredients of Omelet Rice

蔬菜肉酱

柔和的口感和浓郁的味道，和半熟蛋是绝配。

鸡蛋3个

稍微多准备一点（1人份）

青椒

切丝，和黄油米饭一起炒制。也可以切瓣。

番茄酱汁

以番茄罐头打底，再稍加点番茄酱，引出甜味。

大米

普通大米就可以，事先加工成黄油米饭。

用贺俱乐部的

蛋包饭做法

用刀轻轻一划就能像花朵般绽开的鸡蛋。
让我们一起做出好看又好吃的蛋包饭吧！

1

将上一页中食材放入电饭锅，煮黄油饭。

2

炒青椒丝，颜色变鲜艳时放入黄油米饭继续翻炒。

3

用盐和胡椒调味，再加入番茄酱，翻炒至米饭变湿润。盛入盘中，摆成椭圆形。

4

将蛋液倒入平底锅的同时，拿起锅，使其离开火源。这么做是为了不让蛋皮表面烧焦。

番茄酱的做法

在去皮并切成1 cm见方的鸡胸肉中加入蒜末和橄榄油，腌制一天。腌好后，用橄榄油炒制，并加入整粒番茄罐头和作为提味料的番茄酱，炖煮一小时。最后再用盐和胡椒调味。

食材（1人份）

Ⓐ
- 白米……100 g
- 洋葱（切碎）……10 g
- 水……110 mL
- 无盐黄油……15 g
- 胡萝卜（切碎）……少量

青椒……1/2个
鸡蛋……3个
番茄酱……100 mL
蔬菜肉酱……150 mL
盐……适量
胡椒……适量
色拉油……适量

5

在平底锅内涂大量油，在烧热后倒出多余的油，倒入蛋液。像做西式炒鸡蛋那样，用筷子轻轻来回搅拌鸡蛋。

6

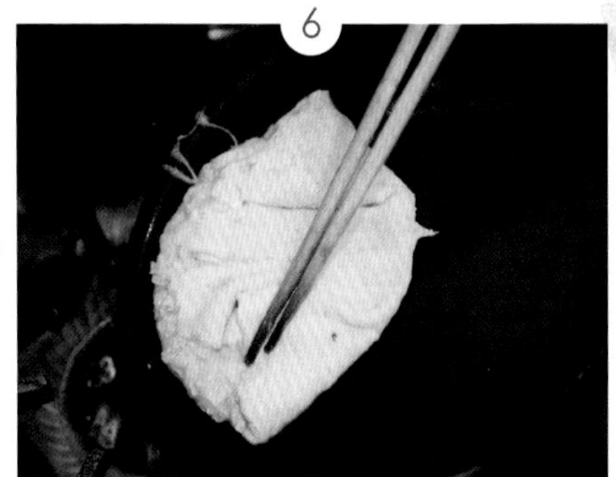

鸡蛋表面出现气泡时，倾斜平底锅，用锅边受热来制作盖在饭上的鸡蛋。

7

将鸡蛋盖在番茄饭上，再浇上热好的蔬菜肉酱，蛋包饭就做好了。

8

用刀轻轻划开鸡蛋。来尽情享用松软美味的蛋包饭吧。

酱汁决定一切

多利安饭

Doria

多利安饭由酱汁和米饭做成，是一种形式丰富多样的西餐。
让我们从酱汁学起，做出具有专业水平的多利安饭吧！

简单的料理，酱汁是关键

多利安饭是在黄油米饭、鸡肉米饭或杂烩饭上浇贝夏美酱，撒上芝士后再用烤箱烤制而成的一道料理。根据所用酱汁的不同，还有肉酱多利安饭和咖喱多利安饭等种类。用来炒饭的食材，除了最受欢迎的鸡肉和海鲜，还可以选用牛肉、蔬菜和鸡蛋等食材。这种可以随着食材的变化而衍生出多种风味的特点正是其魅力所在。

老牌西餐厅银座的招牌料理是混合炸鸡。但他家的多利安饭也很有名，自家制的贝夏美酱也是非常美味。

历史

由伟大的厨师创制出的料理

多利安饭和奶油焗菜一样，给人一种欧洲菜的感觉，但实际上多利安饭起源于日本。它起源于横滨新大陆酒店（1926年开业）。第一任厨师长萨利·韦尔是推动了日本美食发展的伟大厨师之一。他把当时欧洲流行的奶油炖虾和焗菜酱浇在杂烩饭上，就有了现在的多利安饭。从那时起到今日，这道饭一直是新大陆酒店的招牌料理。

因为多利安饭的原料非常简单，只有黄油米饭和配菜以及酱汁，所以酱汁就成了决定这道料理味道的关键。殿河内厨师说："混合黄油面酱和牛奶时的温度是最难把握的。"经验再丰富的厨师，做贝夏美酱时也有可能失误。但请大家一定要挑战自我，试着做一下这道料理吧。

【 教授人 】

银座

厨师 殿河内一树

今年是殿河内厨师在银座工作的第三年，他主要负责奶油焗菜和蛋包饭的制作。他一直为能做出老少皆宜的美食而努力着。

银座

东京都中央区银座7-3-6
有贺写真馆大楼B1
电话：03-3573-3050
营业时间：11:30—15:00
17:00—23:00（最后点单时间22:00）
星期日和连休的最后一天至22:00（最后点单时间21:00）
休息日：星期一
有可能变动，来店前请确认。

每家餐厅都有其独特风味的酱汁

银座的贝夏美酱只由小麦粉、黄油和牛奶做成。根据餐厅的不同，也有加生奶油、高汤和蛋黄等做法。

用芝士所含的盐分来调整酱汁的味道

银座使用含盐量较高的埃丹干酪（照片中是制作菜谱时，暂时用比萨芝士做成的多利安饭）。考虑到芝士含盐量较多，控制酱汁的味道便成了关键。

决定味道的关键

贝夏美酱

做出好吃的贝夏美酱的秘诀是充分搅拌，以及在混合牛奶和黄油面酱时对温度的把控。要注意不能让牛奶沸腾，否则会影响酱汁的香味和甜味。主厨每天亲手制作的贝夏美酱，味道和口感都非常柔和。

多利安饭的原料

Ingredients of Doria

洋葱

比萨用芝士

贝夏美酱

鸡肉

米饭

在这里使用的是鸡胸肉，也可根据个人喜好改成鸡腿肉。米饭最好煮得稍微硬一点。

黄油

口蘑

银座的

多利安饭做法

在炒鸡肉的同时，要注意不要把贝夏美酱熬得太浓

1

用平底锅熔化黄油，炒制黄油米饭。

2

在锅中加入黄油和鸡肉后点火。在加热前放入鸡肉能使肉质更柔软。炒的时候要始终保持小火。

3

鸡肉表面变白后加入洋葱，大火快速炒制。注意不要让鸡肉变成焦黄色。

这样做，味道更专业

小贴士

请注意

用高汤调节浓稠度

如果酱汁熬得太浓了，可以稍微加点高汤来调整浓度。但注意不要加太多，否则米饭会吸收过多水分，影响味道。

食材（2人份）

鸡肉（鸡胸·事先腌制）……60 g
洋葱……40 g
口蘑（水煮）……30 g
黄油……5 g
盐……3 g

贝夏美酱（做法见P31）……400 g
米饭……110 g
黄油（黄油米饭用）……10 g
比萨用芝士……40 g
胡椒……适量

4

将洋葱炒至半透明时加入口蘑，继续翻炒。

5

加入贝夏美酱，充分搅拌食材。

6

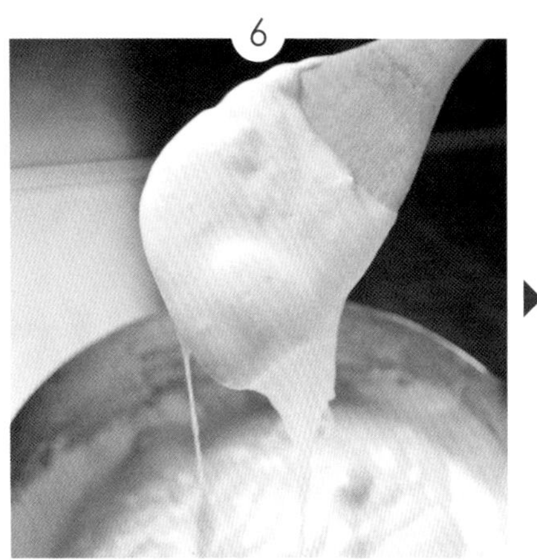

加热后贝夏美酱会变得更加丝滑。浓度以用勺子蘸一下，酱汁能慢慢流下为宜。

7

将黄油米饭放入耐热容器中，浇上6中的食材后在表面撒满芝士，再用烤箱（1200 W）烤制7分钟左右，多利安饭就做好了。

简单但味道浓郁

牛肉洋葱饭

Hashed Beef Rice

老少皆宜的人气经典西餐。做法和食材都非常简单，所以非常考验制作人的手法。

自己做出地道的法式家庭料理

文明开化后，以法餐为起源的西式料理在日本得到了极大的发展。在这一过程中，日本人独创出了牛肉洋葱饭这道料理。

这道饭的食材和做法都十分简单。基本的做法是将牛肉、洋葱和蔬菜肉酱、红酒一起炖熟后，浇在米饭上。还有很多餐厅会再加入蘑菇。

这次教我们做这道菜的是黑船亭。这家餐厅的酱汁在浓缩了鲜味的同时，还带着番茄特有的清爽酸味。这样清爽而深刻的味道得到了广大食客喜爱。

基本的食材是炖得软烂的牛五花肉、洋葱和鲜口蘑。但是黑船亭的茂木厨师长说：“也可根据个人喜好把牛肉换成鸡肉，还可以再加些自己喜欢的蘑菇和蔬菜。”

可以按照基础的做法制作，也可以根据个人喜好进行改进。越简单的料理就越能从中衍生出多种多样的做法。

历史

在干农活前准备的料理

牛肉洋葱饭出现于明治时期。一种说法是丸善的第一任厨师长早矢有的先生最先做出了这道菜。还有一种说法是上野精养轩的林厨师长以咖喱饭为灵感做出了这道菜。此外，还有在洋葱牛肉汤中拌入米饭等多种说法。不管哪种说法，我们都能从中看到日本人将西餐和自己的饮食文化交汇融合的举动。

【 教授人 】

黑船亭

厨师长　茂木英雄

守护着开业30多年的“黑船亭”和传统西餐味的专业厨师。秉持着“做日本人所爱的西餐”的信念，为食客们做出美味的料理。

黑船亭

东京都台东区上野2-13-13
电话：03-3837-1617
营业时间：11:30—22:45
（最后点单时间：10:00）
休息日：无

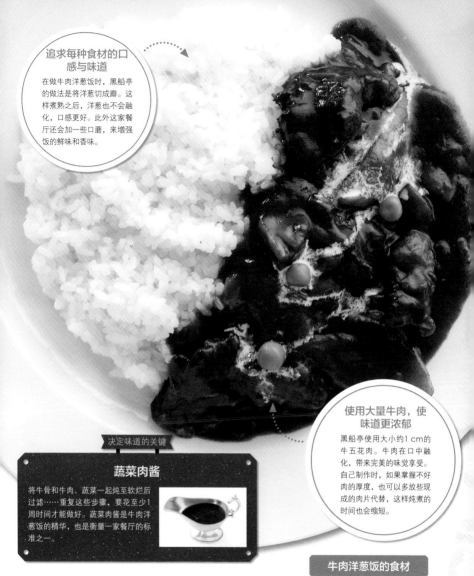

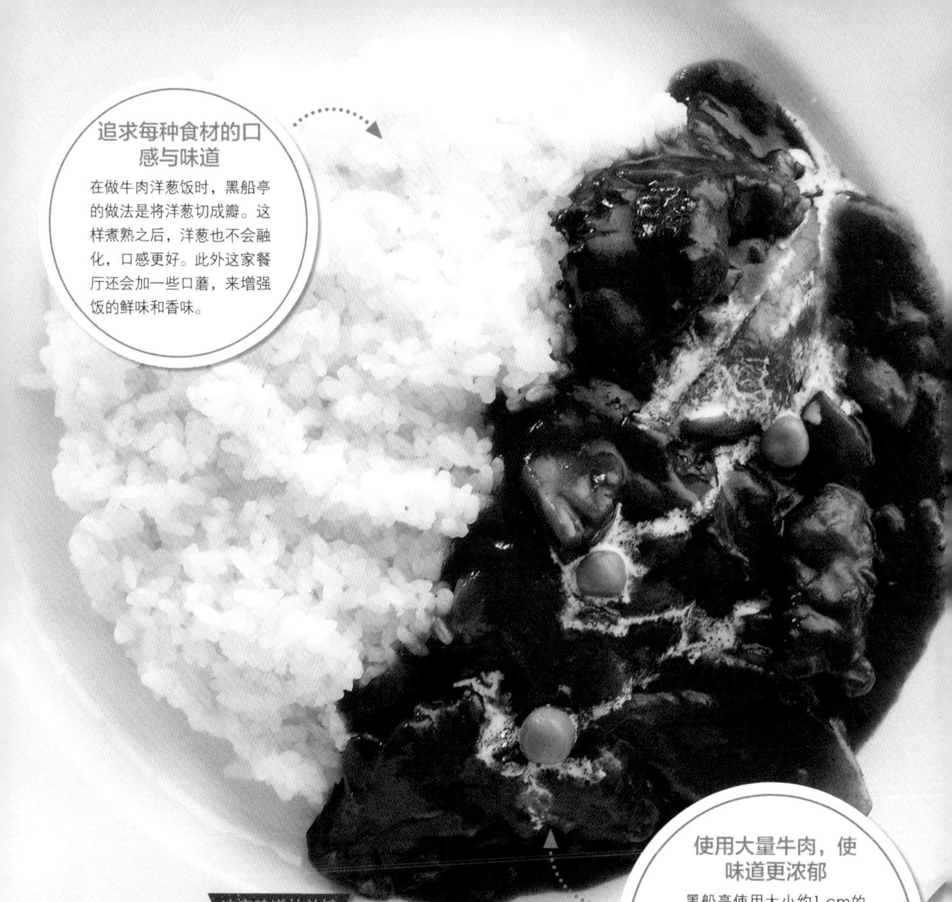

追求每种食材的口感与味道

在做牛肉洋葱饭时，黑船亭的做法是将洋葱切成瓣。这样煮熟之后，洋葱也不会融化，口感更好。此外这家餐厅还会加一些口蘑，来增强饭的鲜味和香味。

使用大量牛肉，使味道更浓郁

黑船亭使用大小约1 cm的牛五花肉。牛肉在口中融化，带来完美的味觉享受。自己制作时，如果掌握不好肉的厚度，也可以多放些现成的肉片代替，这样炖煮的时间也会缩短。

决定味道的关键

蔬菜肉酱

将牛骨和牛肉、蔬菜一起炖至软烂后过滤……重复这些步骤，要花至少1周时间才能做好。蔬菜肉酱是牛肉洋葱饭的精华，也是衡量一家餐厅的标准之一。

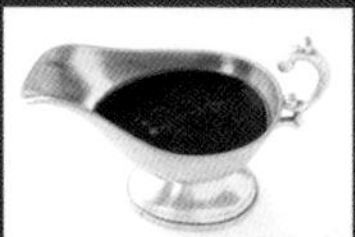

牛肉洋葱饭的食材

Ingredients of Hashed Beef Rice

伍斯特酱

牛五花肉

洋葱

口蘑

番茄酱

番茄泥

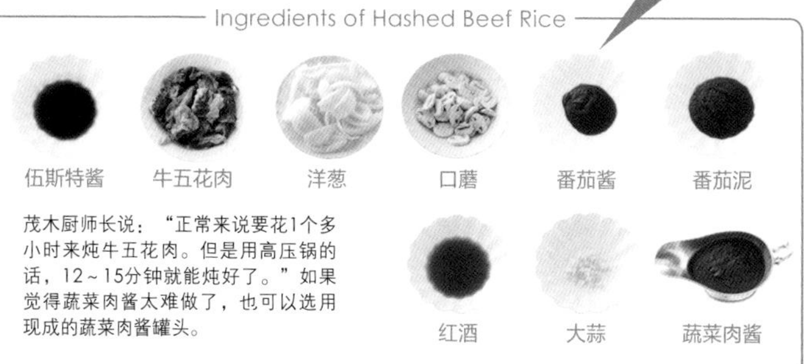

茂木厨师长说：“正常来说要花1个多小时来炖牛五花肉。但是用高压锅的话，12～15分钟就能炖好了。”如果觉得蔬菜肉酱太难做了，也可以选用现成的蔬菜肉酱罐头。

红酒

大蒜

蔬菜肉酱

黑船亭的

牛肉洋葱饭做法

在家就能做出的黑船亭牛肉洋葱饭！
做好后放置一晚，味道会更好。

1

平底锅加热一大匙牛油，一开始先大火煎肉，这样能锁住肉里的鲜味。倒入红酒。

2

将Ⓐ中的食材和1放入锅中，加适量水，先大火煮至沸腾，再小火慢炖（约1小时）。

3

再在平底锅内涂牛油，轻炒洋葱和口蘑，倒入2中。

这样做，味道更专业

小贴士

请注意

巧用酱汁，做出丰富深奥的味道

用番茄酱、伍斯特酱和番茄泥可以赋予这道菜更加丰富的味道。

食材（4人份）

牛五花肉……400 g
（厚约1 cm，长宽约4 cm）
牛油……1大匙
红酒……100 mL
洋葱……400 g
（切成约2 cm的瓣）

Ⓐ
- 大蒜末……10 g
- 鸡高汤……800 mL
- 番茄酱……50 mL
- 番茄泥……50 mL
- 大粒胡椒碎……少量

口蘑……100 g
牛油（炒蔬菜用）……2大匙
蔬菜肉酱（市贩）……290 g
盐……少量
*可用色拉油等代替牛油
*可以用固态汤料代替鸡高汤（溶于800 mL的水中）

4

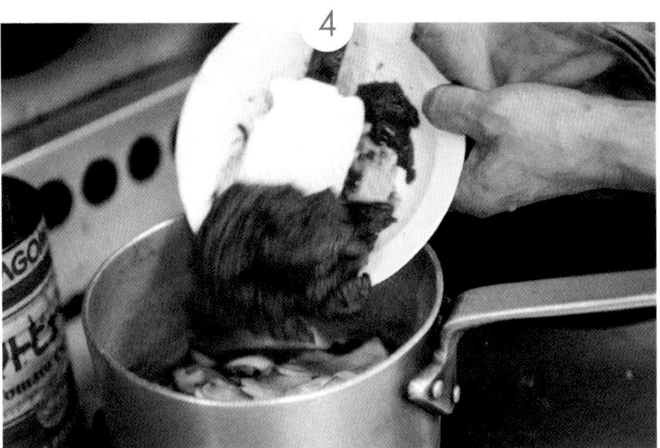

倒入蔬菜肉酱。如果酱汁偏浓，可以加些鸡高汤（食材表以外）稀释，再加盐来调整咸度。

5

煮3～4分钟，直到食材入味。

6

做好后点缀上青豌豆和生奶油。还可以再配上牛肉洋葱饭的老搭档——福神腌菜等小菜。

用出汁的鲜味凸显米饭和食材的味道

杂烩饭

Pilaf

将生米和食材一起焖煮出来的杂烩饭鲜味十足。
起源于法国的杂烩饭传到日本后，
被赋予了独特的日本风味。

出汁让饱满的米饭更加焕发活力

起源于法国的杂烩饭，是将生米和食材一起放进锅里焖出来的料理。虽然这是最地道的做法，但在日本，大多数厨师会先把米饭焖好，再和其他食材混合。

位于浅草的老牌西餐厅奢华西餐厅的第三任主厨——坂本良太郎说："日本的餐厅一般都会使用事先煮好的米饭来做杂烩饭。按法式做法做出来的大米还有硬芯，而日本人大多喜欢软糯的米饭。因此，在日式做法中，控制大米煮好时的软硬度就显得尤为重要了。"

漂洋过海来到日本的杂烩饭被赋予了日式风味，"用煮好的米饭制作"已成为定律。也正是这一做法上的改动，使这道饭成为日本的人气西餐。

在制作杂烩饭时，还有一点很重要。那就是给食材调味的出汁。小牛高汤是这道饭鲜味的源头。这家餐厅还会使用特制的调味汁（用酱油打底，加入酒和味淋经过长时间炖煮）。

日本的杂烩饭是和洋风味的完美结合。

历史

干农活前准备的家料理

我们看到的是独具日本特色的杂烩饭。它的原型是法式杂烩饭。其中使用的小牛高汤、黄油等食材，以及烹饪方法等都是深受法国料理的影响。

杂烩饭这一类料理最早发祥于土耳其和印度，在这些地方其名称不尽相同。由土耳其传入法国之后，这道料理才拥有了杂烩饭这一名字。中国的炒饭和杂烩饭的起源是相通的，可谓是兄弟料理了。

【 教授人 】

奢华西餐厅

坂本太郎

曾在意大利餐厅和法国餐厅学习的第三任店主。他说："也可以把生米和食材一起焖煮，出锅后再用涂有特氟隆涂层的平底锅加热，将米完全煮熟。"

奢华西餐厅

东京都台东区
浅草3-24-6
电话：03-3874-2351
营业时间：11:30—14:00
17:00—21:00（最后点单时间）
休息日：星期日、星期一、节假日

放置一晚的黄油饭

做杂烩饭的前一天要先把黄油饭做好，并放在冰箱里静置一晚上，这是奢华西餐厅的秘诀。这样能使饭更入味，更湿润。

决定味道的关键

小牛高汤

小牛高汤是用小牛骨和牛腱肉等食材煮出的一种出汁。杂烩饭的鲜味，很大程度上来源于小牛高汤。将黄油米饭和食材一起炒制，再倒入加有小牛高汤的酱油底特制调味汁，奢华西餐厅风的杂烩饭就做好了。

杂烩饭的食材

Ingredients of Pilaf

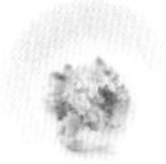

蟹肉

选用鳕场蟹的蟹脚肉（颜色鲜艳且营养丰富）。

洋葱

切成煮熟后也能保留较好口感的小块。

扇贝

生扇贝肉加热后口感筋道。

大虾

大只车虾是杂烩饭中不可或缺的食材。

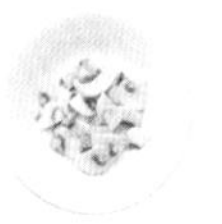

口蘑（生）

使用生口蘑，能使饭的鲜味更浓，口感更好。

奢华西餐厅的

杂烩饭做法

一口锅就能做好的杂烩饭。
酱油打底的调味汁是美味的精华所在！

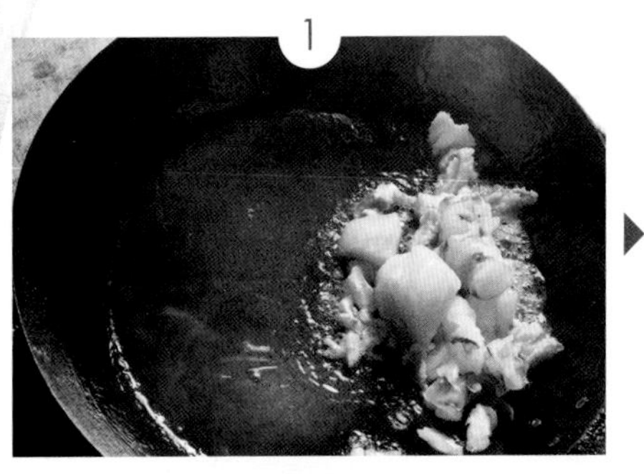

平底锅加热橄榄油和黄油，放入大虾、螃蟹和扇贝（全部切成大小适宜的小块）翻炒。

放入洋葱碎和口蘑片。

淋上白葡萄酒并点燃。

请注意

记住这三个顺序

这样做，味道更专业

小贴士

做酱油底调味汁的顺序：

1.煮酒和味淋

2.将食材全部放入锅中并混合

3.加入炒熟的芝麻

4

加入米饭，小火加热3分钟。

5

倒入酱油底的调味汁，轻轻拌匀。再用盐和胡椒调味。

6

盛到盘中后，撒上西芹碎作为点缀。

食材（1人份）

车虾……1条
鳕场蟹腿肉……1/2根（蟹脚）
扇贝肉……1个
洋葱……20 g
口蘑（生）……20 g
米饭……200 g
橄榄油……15 g
黄油……15 g
白葡萄酒……10 mL
盐……少量
胡椒……少量

酱油底的调味汁
酱油……60 mL
酒……30 mL
味淋……30 mL
出汁……10 mL
（最好用小牛骨高汤）
砂糖……3 g
白味噌……3 g
白芝麻……3 g

能诱惑所有人的咖喱香气

干咖喱饭

Curried Pilaf

做的过程中就被咖喱香气包围！
鲜味的源头是切成稍大块的两种肉类。

在东京下町，炒饭式的咖喱饭很常见

听到干咖喱饭这个名字，很多人可能会想到肉末咖喱饭，或用咖喱粉做的炒饭和杂烩饭。

但其实这道干咖喱饭起源于昭和三十四年开业的西餐厅西餐·司。这家餐厅的现任店主是中山一彦先生，他的祖父创办了这家店。当回忆起祖父做的干咖喱饭时，他说："那是一种类似咖喱味炒饭的食物。"中山店主的祖父在他还是学生时就去世了，所以没能教他这道干咖喱饭的做法。

在人形町浅草这种历史古街上，总会有历史悠久的西餐厅。这是因为在进游廊前或出游廊后，顾客们总要吃一顿西餐。人形町浅草地区的干咖喱饭跟炒饭很相近。

此外，肉末咖喱饭是明治时期的航海船员们发明出来的。

中山店长说："干咖喱饭的历史比咖喱味炒饭要久远。但也就是最近这20年，干咖喱饭才逐渐变成了一种常见的食物。"

接下来就向大家介绍一下这道干咖喱饭的做法吧。中山店长说："重点是要使用鸡肉和

历史

炒饭风（杂烩饭）和肉末咖喱风两种

干咖喱饭主要包括没有汤汁的咖喱（印度的肉末咖喱）和咖喱风味的炒饭（杂烩饭）这两种。这道饭的发祥和历史都不甚清晰，但其中最让人信服的说法是它发源于日本邮船的客船上（1930年开始航行）。

【 教授人 】

西餐·司

店主 中山一彦

中山店主活跃在电视节目和料理教室等很多领域。他说："除了干咖喱饭，从我父亲经营这家店时就有的蟹肉可乐饼和炖牛肉都很好吃哟。"

西餐·司

东京都中央区日本桥人形町2-9-10
电话：03-3666-8997
营业时间：11:30—14:00、17:30—22:00（最后点单时间:21:00）
休息日：周末，节假日

颜色比“咖喱色”更诱人

西餐·司家的干咖喱饭的颜色不同于一般咖喱的黄色，而是一种更加洋气的颜色。这种颜色是用最后加入的酱油调出来的。此外，代替青椒的红椒和盖在饭上的番茄丁也给这道饭增添了一抹亮丽的红色。

猪肉这两种肉类。用红辣椒代替青椒。还有就是要注意最后加入的酱油。一般家里的火比较弱，所以先尝试着少做一些吧！”

决定味道的关键

选用冷饭制作

刚蒸好的米饭虽然很香，却不适合用来做干咖喱饭。西餐·司将蒸好的米饭放入带盖密闭容器中冷却后再使用。

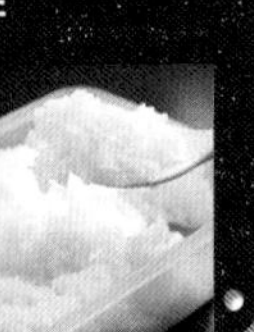

干咖喱饭的食材

Ingredients of Curried pilaf

红椒

洋葱

咖喱粉

鸡腿肉

猪肉

用哪个部位的猪肉都可以，也可以使用培根或火腿等加工类猪肉。鸡肉推荐选用鸡腿肉和鸡皮。使用事先烤过的鸡皮，味道会更香。

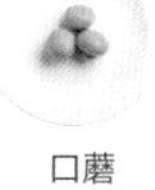

口蘑

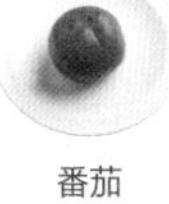

番茄

西餐·司的

干咖喱饭做法

深受人形町顾客喜爱的西餐·司干咖喱饭
制作秘诀大公开。

1

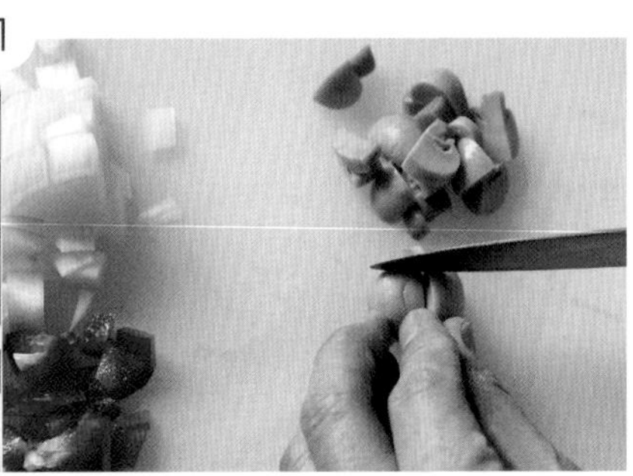

将猪肉和鸡腿肉切丁（1~1.5 cm见方）。把洋葱和红椒切成大小约5 mm的小块。将口蘑六等分。番茄用开水煮一下，去皮。

2

平底锅里加入色拉油，开火。

3

翻炒1中的肉。

这样做，味道更专业

小贴士

请注意

使用猪肉和鸡肉两种肉类，提升鲜味和口感

使用哪个部位的猪肉都可以，培根、火腿和香肠等加工肉制品也能提升鲜味。鸡肉推荐使用鸡腿肉或鸡皮。用平底锅煎鸡皮至出现焦糖色后再切成容易入口的大小。

食材（好做的量）

色拉油（黄油）……1大匙	米饭……3碗
猪肉+鸡腿肉……共70 g	盐……2小匙
洋葱……1/4个	咖喱粉……1大匙
红椒（小）……1/4个	酱油……适量
口蘑（整个）……3个	番茄……适量

4

加入1中的蔬菜（除番茄外）。

5

加入米饭。

6

充分搅拌后加入盐和咖喱粉。

7

加入酱油调味

8

盛入盘中，放入生番茄丁（切成7～8 mm大小的块）调整颜色。

【第三章】

经典西餐的进阶菜单

再稍微加工一下，就能做出更好吃的料理。

在前面介绍的经典西餐的基础上，再稍微加工一下，就能做出丰富的进阶西餐。
现在就来向大家介绍多种多样的西餐做法。

进阶菜单主编
滨田阳子
美食家、营养师，在网络和各种杂志上刊登食谱。活跃于电视、广播、商品开发和课程讲师等多个领域。此外，她还制作了自己的广播节目。

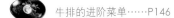

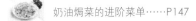

用含有对人体有益脂肪酸的
牛油果做成的健康汉堡肉

牛油果汉堡肉

食材（2人份）

汉堡肉馅……2个
牛油果……1/2个
色拉油……适量
番茄酱（汉堡肉酱也可）……适量

做法

1. 用平底锅加热色拉油，放入切成1 cm见方的牛油果肉，充分炒制
2. 将稍微冷却后的牛油果跟汉堡肉馅充分混合，捏出汉堡肉的形状。
3. 平底锅热色拉油，将②煎熟后盛入盘中，挤上番茄酱。

重点

炒的时间过长，牛油果会碎掉，所以只要炒到上色就可以了。

将牛油果和肉馅混合时要注意不要将其捏碎。

汉堡肉的进阶菜单

清爽的和风汉堡肉，很适合做便当

橙子醋汉堡肉

食材（2人份）

汉堡肉馅……2个
橙子醋……5大匙
砂糖……1小匙
大葱……1根

做法

1. 将肉馅捏成2块汉堡肉，将葱切成长约4 cm的段，再在每段的中间竖切一刀。
2. 平底锅热色拉油，将汉堡肉和葱放入煎制（葱稍微煎一下就拣出来）。
3. 汉堡肉两面都煎至上色时，放入橙子醋和砂糖炖煮，将之前拣出来的葱放回锅中。
4. 汤汁减少到一半时，将汉堡肉翻面，继续煮到汤汁变黏稠后关火。

重点

加入橙子醋和砂糖后长时间炖煮，直到葱味和汉堡肉充分融合。

炖牛肉的进阶菜单
融合了两种人气西餐的快手菜

炖牛肉蛋卷

食材（2人份）

炖牛肉……1盘
鸡蛋……3个
盐……1/2小匙
胡椒……少量
生奶油……3大匙
（可用牛奶代替）
色拉油……适量

做法

1. 将鸡蛋、盐、胡椒和生奶油放入大碗中，充分搅拌均匀。
2. 平底锅加热色拉油，稍倒些①中的鸡蛋糊，基本定型后再慢慢倒入剩余的蛋糊。
3. 鸡蛋皮基本成形后，从内向外翻过蛋皮，做成蛋卷的形状。
4. 盛入盘中，倒上热乎乎的炖牛肉。

重点

大幅度搅拌蛋糊，使其与空气充分接触。注意不要把鸡蛋打得太碎，否则会影响蛋卷的蓬松度。

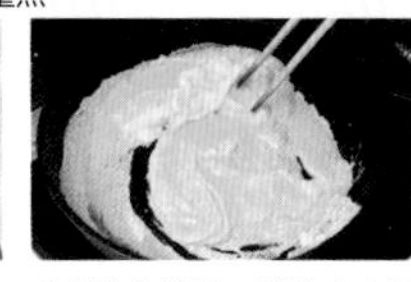

多用些色拉油，以防止鸡蛋粘锅。大火快煎是让蛋卷内部柔软的秘诀。

炖牛肉的进阶菜单

酱汁浓郁，美味又时髦

炖牛肉配蔬菜沙拉

食材（2人份）

黄瓜……1根
番茄……1个
生菜……1/10棵
炖牛肉……1盘
（常温或温热）

做法

1. 黄瓜切条，番茄切成8瓣，生菜切瓣，放入冰箱冷藏。
2. 将①摆入盘中，浇上炖牛肉。

重点

将生菜切成瓣状，更容易食用，也更美观时髦。这里应使用常温的炖牛肉。

芝麻香气和蔬菜的完美结合

芝麻黄绿蔬菜拌牛排

食材（2人份）

牛排……100 g
隐元豆……80 g
红椒……2个
Ⓐ 白芝麻碎……2大匙
Ⓐ 酱油……1.5大匙
Ⓐ 砂糖……1大匙

做法

1. 将牛排（宽1 cm）、隐元豆（宽4 cm）、红椒（宽8 mm）切条。
2. 用盐水分别煮一下红椒和隐元豆，将牛排和Ⓐ一起放入大碗中。
3. 充分搅拌均匀

重点

搭配多种蔬菜，营养丰富，也让料理的颜色更加养眼。可根据季节选择当季食材。

牛排的进阶菜单

将牛排定食的食材汇聚一盘

牛排沙拉盖饭

食材（2人份）

牛排……2块（每块重约150 g）
米饭……两碗
水菜嫩叶……适量
玉米粒……3大匙
巴旦木……10粒
Ⓐ 番茄酱……2～3大匙
Ⓐ 伍斯特酱……2～3大匙

做法

1. 将Ⓐ放入小锅中煮沸。
2. 将牛排切成宽1.5 cm的条。
3. 将牛排和水菜嫩叶盖在饭上，淋入①，再撒上玉米粒和巴旦木碎。

重点

将巴旦木装入袋中，用擀面杖敲碎。巴旦木中含有加速脂肪代谢的成分，非常适合喜食肉类的人食用。

玛芬蛋糕夹可乐饼的创新菜式

玛芬可乐饼蔬菜三明治

食材（2人份）

可乐饼……2个	黄瓜……1/3根（斜切片）
玛芬蛋糕……2个	番茄……2薄片
沙拉菜……4片	塔塔酱……适量

做法

1. 将玛芬蛋糕从中间片开，放进烤箱稍微烤一下。
2. 在两片①中的玛芬蛋糕中间夹入沙拉菜、可乐饼、黄瓜和塔塔酱。

重点

用表面稍脆的玛芬蛋糕是最合适的。用烤箱稍微烤一下，使表面有焦糖色就可以了。

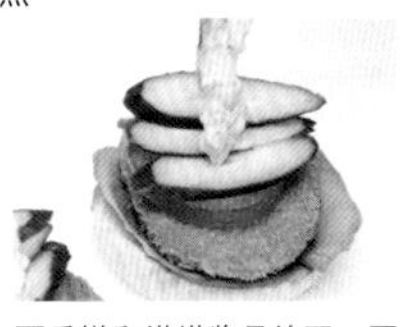

可乐饼和塔塔酱是绝配，再加入蔬菜来均衡营养。

可乐饼的进阶菜单

奶油焗菜的进阶菜单

味道浓郁的焗菜搭配清爽的蔬菜和鱼肉

奶油白色鱼肉煮菠菜

食材（2人份）

奶油焗菜……1盘	出汁……150 mL
白色鱼肉……1块	胡椒盐……少量
菠菜……100 g	

重点

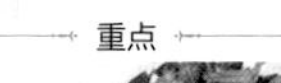

味道清淡的白色鱼肉非常配奶油酱。绿色的菠菜也让料理的颜色更加丰富。

做法

1. 将白色鱼肉切大块，菠菜切成约5 cm长的段。
2. 在单柄锅内加入①中的食材和出汁，煮沸后加入奶油焗菜。
3. 中火炖煮直到汤汁变黏稠，最后放入胡椒盐调味。

凉了也很好吃的卷心菜肉卷

卷心菜肉卷沙拉

食材（2人份）

卷心菜肉卷（常温）……2个
特级初榨橄榄油……2~3大匙
调味盐……适量
黑胡椒碎……适量
芹菜……1/3根
（叶子也可使用）

做法

1. 用削皮器将去过筋的芹菜削成带状，将肉卷切成1 cm厚的圆片，和芹菜一起装盘。
2. 在①上淋橄榄油，撒上调味盐和黑胡椒碎。

重点

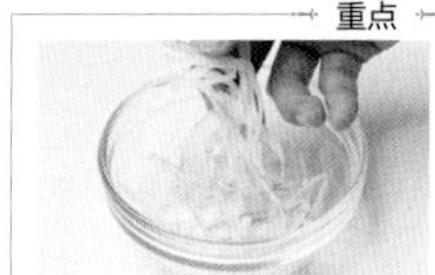

芹菜的口感和气味让人耳目一新。卷心菜肉卷形状不易散，就算凉了也很好吃。

卷心菜包肉的进阶菜单

烤牛肉的进阶菜单

蔬菜丰富！敬请享用沙拉一般的口感

烤牛肉沙拉春卷

食材（2人份）

烤牛肉……100 g
胡萝卜……30 g
芹菜……40 g
黄瓜……1/2根
米皮……6张
肉汁、沙拉汁、牛排汁等
可按个人口味选择……适量

做法

1. 将胡萝卜、芹菜和黄瓜切成细丝。
2. 将米皮浸水还原，擦干水。
3. 在②上放上烤牛肉和①卷起来，切成适当大小。
4. 装盘，附上喜好的调味汁。

重点

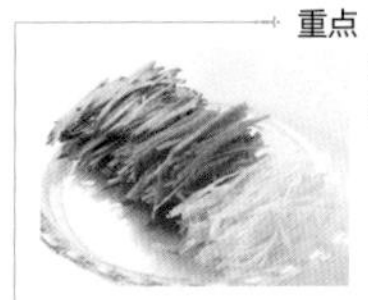

清爽的口味让人食指大动！

和风肉馅糕

食材（2人份）

烤前状态的肉馅……1份（300 g左右）
紫苏叶……5片
野姜……1根
生姜……1片
葱……4根
柚子皮……适量
黄油……适量

做法

1. 紫苏叶和野姜切大块，生姜切碎，葱切小段，柚子皮切细丝（点缀用）。
2. 混合①中（除了柚子皮）的调味品，并放入肉馅，涂上黄油，静置一会儿。
3. 烤箱200℃烤制20分钟，180℃烤制15分钟。

重点

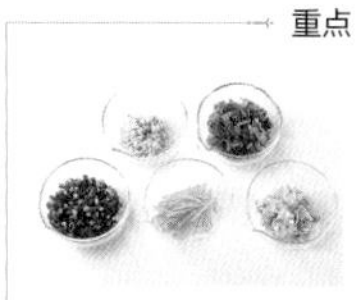

集不同口感的多种食材于一盘，为你带来完美的味觉享受。

肉馅糕的进阶菜单

生姜烧猪肉的进阶菜单

口感独特的沙拉

生姜烧猪肉、牛油果和苹果沙拉

重点

可以享受到牛油果和苹果的风味的沙拉。柠檬汁可以防止牛油果变色。

食材（2人份）

生姜烧猪肉……2片
牛油果……1个
柠檬汁……少许
苹果……1/4个
胡椒盐……适量

做法

1. 将牛油果切成1.5 cm的方块，涂上柠檬汁。将带皮苹果切成1 cm的方块。
2. 将生姜烧猪肉切成3 cm的方块。
3. 将①和②（包括汤汁）混合。需要的话可用胡椒盐来调味。

三文鱼与番茄汁的新奇组合

番茄汁法式黄油烤鱼

重点

将葱炒至发软。三文鱼中和了葱的甜味和番茄汁的酸味。

食材（2人份）

法式黄油烤鱼……2块
橄榄油……1大匙
大蒜……1片（切碎）
葱……1棵（切段）
水煮番茄罐头（块状）……1/2瓶
胡椒盐……少许
鲜奶油……少许
罗勒……适量

做法

1. 平底锅内加入橄榄油、大蒜和葱开火煎炒。
2. 加入番茄，盖盖中火煮1~2分钟，加胡椒盐调味。
3. 加入炸三文鱼迅速裹汁，装盘，配上鲜奶油和罗勒点缀。

法式黄油烤鱼的进阶菜单

玉米浓汤的进阶菜单

鸡蛋化得黏糊糊，中餐馆的味道！

中式玉米汤

食材（2人份）

Ⓐ 玉米浓汤……300 mL
Ⓐ 水……100 mL
Ⓐ 鸡骨汤精……1~2小匙
蟹糕（最好去壳）……60 g
西式泡菜……40 g
鸡蛋……1个

做法

1. 将蟹糕和西式泡菜切成适当大小。
2. 在锅中加入Ⓐ和①开火，煮沸关火，将打匀的蛋液转圈倒入，搅拌。

重点

螃蟹风味，最好选用去壳蟹糕，切时注意手法要轻。

美味多汁的鸡肉，紧致饱满

焗煎鸡腿肉洋葱汤

食材（2人份）

芝士洋葱汤……2人份
鸡腿肉……250 g
胡椒盐……少许
色拉油……少许

做法

1. 用刀在鸡腿肉厚的部分划几刀，加胡椒盐调味。
2. 色拉油烧热，在平底锅中将1两面煎至金黄，切成宽1.5 cm的条。
3. 在焗洋葱汤中加入2。

重点

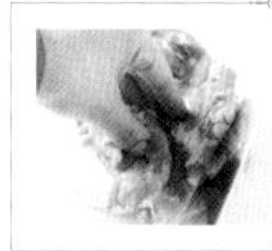

肉的处理上，在不易熟的肥厚部分用刀戳上几刀。这是保证煎鸡肉时不流失水分的诀窍。

芝士洋葱汤的进阶菜单

法式蔬菜浓汤的进阶菜单

微辣的汤让身心都暖和起来

微辣法式蔬菜浓汤

食材（2人份）

浓汤……2人份
Ⓐ 辣椒酱……2~3大匙
Ⓐ 甜面酱……1大匙
韩国泡菜……70 g

做法

1. 在锅中加入浓汤煮沸。
2. 将A搅拌溶解，加入韩国泡菜，关火。

重点

韩国泡菜的酸味和鲜味让浓汤更加美味。加入辣椒酱和甜面酱也非常美味。

浓厚芝士与清炖肉汤的合奏

法棍肉汤

食材（2人份）

清炖肉汤……1人份
法棍……2 cm厚2块
香蒜黄油
……少许（没有的话可以省略）
比萨用芝士……30 g

重点

香蒜黄油和蔬菜牛肉浓汤是绝妙搭档。

做法

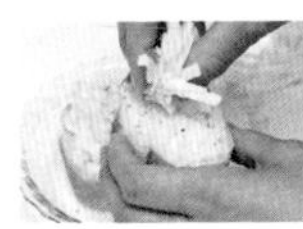

① 在法棍的横切面上涂上香蒜黄油，再撒上比萨用芝士。

② 用烤面包机烤制3~4分钟

③ 在容器内倒入热好的清炖肉汤，将②盖在汤上。

清炖肉汤的进阶菜单

炸肉排的进阶菜单

萝卜泥带来柔和的日式味道

炸猪排

食材（2人份）

炸肉排……1块
茄子……1.5 cm圆片4片
绿辣椒……2根
芝麻油……适量
Ⓐ 日式汤汁……100 mL
Ⓐ 淡口酱油……2小匙
Ⓐ 日式料酒……1小匙
白萝卜泥……适量
七味辣椒粉……适量

做法

1. 在平底锅内多倒入一些芝麻油加热，煎制茄子和绿辣椒。
2. 在锅中放入Ⓐ，煮沸。
3. 将切成1.5 cm宽的炸肉排装盘，用①中的蔬菜装饰，倒入②，用白萝卜泥和七味辣椒粉点缀。

重点

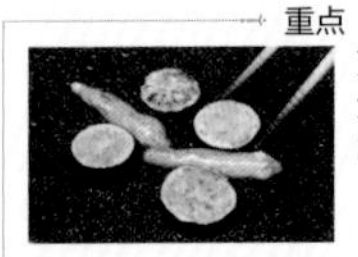

茄子和绿辣椒煎至焦黄色。香喷喷的，和汤汁绝配。

梅子的酸味清爽极了

炸虾腌梅寿司卷

食材（2人份）

炸虾……3~4只（根据大小调整）
加醋米饭……500 g
烤海苔片……2片
紫苏叶……2~3片
黄瓜……1/2根
梅肉、蛋黄酱……各适量

做法

1. 去除炸虾的尾巴。将紫苏叶切成两半，黄瓜切成条。
2. 在卷帘上放置烤海苔片，铺上加醋米饭，在中间放上炸虾、紫苏叶、黄瓜、梅肉和蛋黄酱（管状的梅肉比较方便）。
3. 从靠近自己的一侧开始卷，切成适宜的宽度。

重点

为了方便卷寿司，可以把炸虾和黄瓜条切得长度一致。这样寿司的截面会很漂亮。

海苔一侧留2~3 cm不要铺加醋米饭，这样更容易卷。

炸什锦的进阶菜单

炸肉馅饼的进阶菜单

多汁的炸肉馅饼搭配蔬菜更健康

炸肉饼的沙拉寿司

食材（2人份）

炸肉馅饼……2个
加醋米饭……100 g
黄瓜……1/2根
生菜……2片
萝卜苗……少许
碎海苔……适量
白芝麻……2大匙
鸡蛋……1个
盐……少许
色拉油……少许

做法

1. 黄瓜切小段加盐腌一下。生菜切成4 cm宽的条状。切除萝卜苗下端部分。
2. 鸡蛋加盐打散，用平底锅炒熟。
3. 在加醋米饭中放入去除水分的黄瓜、生菜、白芝麻和②，搅拌，装盘。
4. 放上切成2~3 cm小块的炸肉饼，用萝卜苗和碎海苔装饰。

重点

炸肉饼切成方便入口的大小。多汁的炸肉饼与清爽的蔬菜，完美搭配加醋米饭。

咖喱浓郁的香味让人食欲大发

五目饭

食材（2人份）

咖喱……300 g
牛肉馅……100 g
伍斯特酱……1大匙
米饭……300 g（2碗）
生菜……1/8个
小番茄……4个
温泉蛋……2个

做法

1. 在平底锅内放入咖喱、牛肉馅、伍斯特酱，开火。
2. 搅拌①，煮至水分减少到原来的2/3~1/2。
3. 将米饭和切成1 cm宽的生菜装盘，浇上②，放上温泉蛋和小番茄。

重点

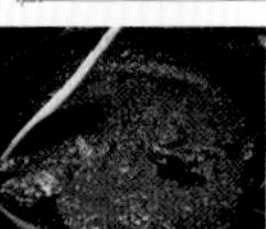

肉不用牛肉馅，用混合肉馅代替也可以。香辣的咖喱和浓郁的伍斯特酱汁，很配肉的美味。

一直炒至水分减少。更进一步加入切碎的洋葱和水煮豆等，更为地道。

咖喱的进阶菜单

那不勒斯面的进阶菜单

加入酱油的品质日式风味

日式意大利面

食材（2人份）

意大利面……2盘
（番茄酱调味前的状态）
番茄酱……2~3大匙
酱油……2~3大匙
干鲣鱼削片……适量
青海苔……适量

做法

1. 炒制意大利面，放入平常做那不勒斯面用量一半的番茄酱和酱油调味。
2. 装盘，放上干鲣鱼削片。

重点

用酱油代替一部分番茄酱。一直炒至番茄的酸味扑鼻。

肉汁满溢。趁热享用吧

土豆番茄的肉汁芝士烧

食材（2人份）

土豆……2个
番茄……1~2个
（根据大小调整）
肉汁……200 g
融化的芝士……60 g
黄油……适量
芝麻菜……适量

做法

1. 番茄切成1 cm厚的瓣，土豆切成1 cm厚圆片，放入开水中煮。
2. 烤盘中涂上黄油，摆上土豆和番茄，浇上肉汁和融化的芝士。
3. 在烤面包机中烤至芝士呈焦黄色（3~5分钟），配上芝麻菜。

重点

土豆和番茄在烤盘内交叉摆放。松软热乎的土豆和肉汁很般配。

肉酱的进阶菜单

蛋包饭的进阶菜单

极品下酒菜

烧蛋包饭配葱酸汁

重点

将蛋包饭压成扁平状时，使用保鲜膜可以不弄脏手。也可做成方便入口的小块。

食材（2人份）

蛋包饭……1盘
Ⓐ酸奶油……3大匙
Ⓐ酸奶……3大匙
橄榄油……适量
葱（切成小段）……适量

做法

1. 将蛋包饭整体搅拌，分成4~6等份。
2. 用保鲜膜包住，用力握成饭团，然后压成扁平的饼状。
3. 平底锅加热橄榄油，将去除了保鲜膜的2放入，煎至焦黄色。
4. 将3装盘，涂上混合的Ⓐ，撒上葱。

和红酒搭配出类拔萃！非常适合作为前菜

海味多利安饭开放式三明治

食材（2人份）

多利安饭……1盘
咸饼干……8~10片
海胆粒、咸烹海苔、凤尾鱼（切成1 cm）……各适量
山萝卜……适量

做法

1. 将多利安饭放在咸饼干上，再将少量海胆粒、咸烹海苔、凤尾鱼放在上面。
2. 用山萝卜装点1。

重点

多利安饭和海胆粒、咸烹海苔、凤尾鱼等海鲜十分搭配。可以作为聚餐的前菜。

多利安饭的进阶菜单

牛肉洋葱饭的进阶菜单

卖相玲珑可爱、独特的一道菜

法式小盅蛋配牛肉洋葱饭

食材（2人份）

牛肉洋葱饭……1盘
鸡蛋……2个

做法

1. 在小盅内底部1~2 cm放入饭，上面放入高2~3 cm的牛肉洋葱饭。
2. 打入鸡蛋，放入烤箱烤10~15分钟。

重点

在中间挖一个坑，在里面打入鸡蛋。烤制时间可以参考蛋白成形的程度。在鸡蛋半熟时，搅拌享用吧。

清汤和柔和的鸡蛋，令人怀念的味道

西洋风杂烩粥

食材（2人份）

杂烩饭……1盘
清汤料……2个
热水……600 mL
鸡蛋……2个

做法

1. 在锅中加入热水和清汤料，搅拌溶化。
2. ①中加入杂烩饭开火，煮沸之后在上面淋入打散的鸡蛋，再煮沸。
3. 关火盖盖儿，闷2~3分钟。

重点

关火之后盖盖儿，用余热将鸡蛋闷熟。享受泡饭一般的感觉吧。

杂烩饭的进阶菜单

干咖喱饭的进阶菜单

重点

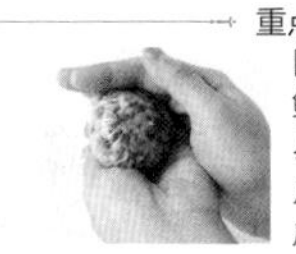

团饭团时可以使用保鲜膜，这样食材不容易沾到手上。为了食用方便，可将饭团团成一口的大小。

孩子最爱的美食！
也可作为零食

干咖喱饭坚果球

食材（2人份）

干咖喱饭……300 g
葡萄干……20 g
杏仁……20 g
花生……20 g
橘皮果酱……适量

做法

1. 将葡萄干切成两半，杏仁和花生碾成碎块。
2. 在干咖喱饭中混入①，用保鲜膜用力团成3~4 cm的圆球。
3. 在充分预热的烤箱中铺上锡纸，摆上②，烤制3~5分钟至表面焦黄。
4. 装盘，逐个点缀上一点橘皮果酱。

【第四章】

名店主厨使用的厨房用具

Kitchen Tools Loved by Master Chefs

做地道的西餐时，好的厨房用具很重要。专业厨师会选择什么样的用具，又会怎样保养呢？由此直击关东关西的西餐老店，和主厨对话。

右）3层的宴会厅还保留着大正时期的装修，格调很高，是国家级文物保护单位。左）可以看出餐厅开业时样子的明信片

大正五年（1916年）在祇园开业，在古都推广西餐的老店

时髦又喜欢新鲜事物的创业者奥村小次郎，带着让京都的人们尝到新奇西餐的想法，于大正五年（1916年）开办了祇园四条大桥东店。

西式建筑汲取了艺术装饰风格和西班牙样式，在古都的街道上格外引人注目，一下吸引了保守的京都人的注意。这里既可以在宴会厅举办大型宴会，也可以在咖啡厅吃一顿丰盛的下午茶，还可以作为欣赏歌舞伎时的幕间用餐处，这样多功能的餐厅逐渐获得了演员和祇园名人的喜爱。

这家餐厅的每代经营者都秉承着“用京都式的招待呈现地道的西餐”的理念，给光临的顾客带来宾至如归的用餐体验。

菊水餐厅的
得意杰作

波尔多风味
炖牛肉

煮得软烂的极品牛肉入口即化。主厨得意之作——葡萄酒风味的特制蔬菜肉酱沙司，给食客们带去老店的传统风味。这家餐厅一直使用50多年前的铜锅煮制食物。

京都府京都市东山区四条大桥东诘祇园 075-561-1001
营业时间：1F 10:00—20:45（周六到21:30）
2F 11:00—20:30（周六到21:00）
休息日：无

来看看专业的厨房用具吧！

厨具01 菜刀

菜刀里倾注了厨师的灵魂，是不许其他人碰的个人专用厨具

菜刀是专业厨师最重要的厨具之一，可以称得上是厨师的“分身”了。不同菜刀的刀刃长度、形状、厚度、做工、材质都不同。厨师专用的菜刀分工细致，有切肉用、切菜用、切鱼用和切骨用等种类，这也是专业菜刀和一般家用菜刀的区别。寺村厨师长常用的菜刀有10种，打磨、保养都是自己亲自动手，不许他人触碰，真可谓倾注灵魂的工具了。

每日不曾懈怠，全部由主厨亲手保养

重点

一把好菜刀一定要锋利，所以打磨是很重要的。在烹饪期间，刀稍稍钝了一些便会立即打磨。家庭用菜刀一般都能用很久，但是厨师学徒的菜刀就会时常更换。

上：不论哪把菜刀都被磨得十分锋利，闪着亮亮的银光。下：刀刃长度、大小有很多种。中间的那把是用来切骨头的。

厨具02 平底锅

专业厨师的平底锅都因常年浸油而闪着黑色的光泽

厨师们会依据菜品的菜量而选用不同大小的锅，所以会准备好几个形状一样、大小不同的平底锅。充分浸油的锅一般是煎蛋专用，绝对不作其他用途。炒菜是用可以单手操作的普通平底锅，炸物则一般用中式锅。牛排是用和煤气灶连在一起的厚铁板。根据不同用途使用不同的厨具，这是专业西餐厅独具的素养。

重点

使用后立即保养

每次用后都会清理干净。收起来前要用火充分烤干锅上的水分，以防止生锈。使用前也会用火烤，让油充分浸入。

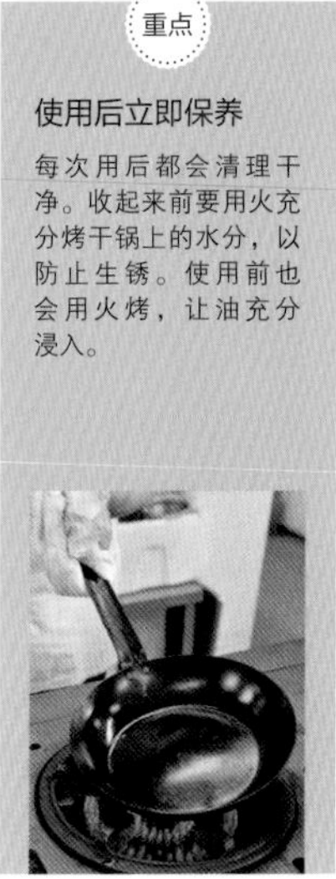

上）认真洗去里外的油污，烤干水分之后叠放收纳。下）用特制铁板烧制牛排和汉堡肉等料理。

厨具03 煮锅

煮汤或者炖菜，只有专业厨师才会用到的大锅

专业餐厅会配备一般家庭没有的深底大锅。西餐中用的酱汁一般都是用深底大锅熬制的，炖牛肉等炖菜则是用较浅的小深底锅来炖煮。还有老店才有的稀有特形铜锅。所有锅都被擦洗得锃亮，古老却非常洁净。

刷锅的宗旨是外强内柔

重点

每次用后都要将锅擦洗干净，但注意里外的刷洗方式是不同的。直接架在火上的锅外壁容易沾上油污，需要用钢丝球用力擦洗，而内壁则是要用海绵温柔地清洗，以防伤及涂层。

上：将锅按照型号大小有序地挂在架子上。左：用大锅事先做好炖菜，出菜时再用小锅加热一下就好了。

厨具04 其他厨具

磨损的大木铲和古老的长方条格诉说着老店的历史

只有在历史悠久的老店里，才会有很多古老的烹饪工具。其中一些厨具是特地定制购买的。这些厨具都经过了历代厨师的挑选和常年的使用，才能留存至今。使用这些厨具时也有一套规矩，其中的一条是“用时不能发出声音”，这是为了让厨具能够更加长久地留存下来。

只有在历史悠久的西餐店，才能保留有很多适合做卷心菜包肉等炖菜的方形铜锅，以及沉甸甸的可叠放的长方条盒等厨具。

精细的日常保养让厨具散发出历史的光辉

重点

铜的导热性极好，所以铜锅是一种非常适合烹饪用的厨具。另外，美丽的红铜色呈现出的高级感也是魅力之一。然而，一旦疏于保养，铜锅会立刻发乌生锈。因此需要经常使用专业研磨剂来认真地刷洗铜锅。

只有在西餐店才会用到的必需品

铜锅

锅体和放固体燃料的底座是一体的，这样的结构方便直接在桌上加热。这种锅用于制作餐厅的招牌菜——炖牛肉，由此顾客们就可以享用现煮的美味而又热腾腾的菜品了。

铜锅的导热性好，其色调朴实却充满高级感，非常受厨师们的喜爱。

过滤器

过滤器可以使西餐的口感更加丝滑。除了漏勺等法式器具，还有为方便使用而特意设计出的木质筛子等。

在杯子里装上冰，在上面铺上口感如丝绸般顺滑的冷奶油汤，再点缀上肉汤冻。

蜗牛钳和盘子

蜗牛是很受欢迎的一道前菜。为了固定蜗牛不让它乱动，会用到专用的钳子、刀和盘子。

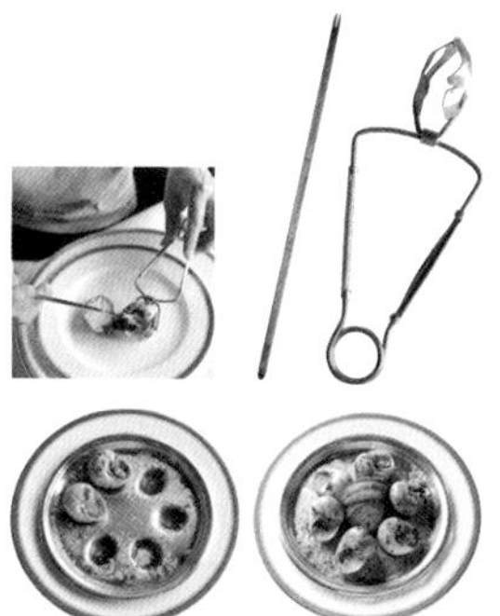

将蜗牛放在凹槽里、用加入大蒜和香草的优质黄油烤制而成。

厨房

02 满天星西式小餐厅

满天星西式小餐厅
得意杰作

煎蛋饭

出于“一盘满足一日营养所需”的理念，在米饭中加入胡萝卜和蘑菇等9种蔬菜。软乎乎的鸡蛋中也隐藏着虾和干贝。

左）洼田总厨师长已经做了60年的厨师，现在统领以东京都为中心的7家店铺。右）店内装修是红砖风格。

倾注了镌刻有半个多世纪历史的灵魂的烹饪器具

洼田总厨师长传承了老店满天星西式小餐厅开业以来的味道。这家餐厅使用法国和德国定制的烹饪工具，多数的历史已经超过了半个世纪。

洼田厨师长说道，“单凭观察木铲，就可以了解厨师的技术。把手的部分如果烧焦了，说明烧菜时火太大了。”不曾变化的味道和品质，值得信赖的器具，每日细心的保养，和厨师的技艺一同被传承着。

东京都港区麻布十番1-3-1 B1　03-3582－4324
营业时间：11:30—15:30（最后点单时间15：00）、17：30 — 22：00（最后点单时间21:30）、周六日11:30—22:00
休息日：每周一（如遇节假日则变成下一周的周二）

厨具01 菜刀

使用了半个多世纪的宰牛刀，宽度只有最初的1/3

摆放整齐的菜刀是洼田厨师长的珍爱之物，十多年来，他一直使用这些菜刀，并坚持不断打磨。特别是宰牛刀（德国制），宽度已经被磨至原来的1/3。

重点

一天的工作结束后，厨师长都会打磨菜刀。打磨时要注意保持磨刀石不倾斜，并均匀用力。

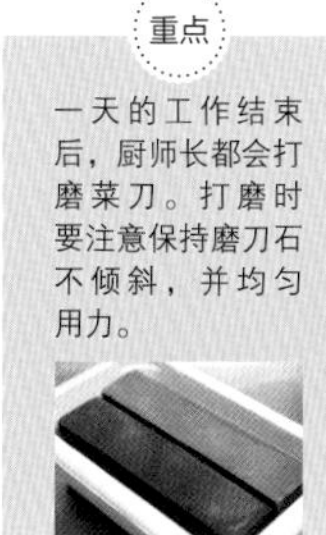

厨具02 平底锅

便于使用的铝锅和耐高温的铁锅

厨房里一般都会配备铝锅和铁锅这两种锅。铝锅在使用时也有分类，炒牡蛎时用深锅，做鸡蛋时则用小平底锅。树脂加工的铝制平底锅很轻，方便使用，只是不耐高温，原则上最大只能使用中火。

重点

想大火烧肉时，应该选用耐高温的铁锅，且用油量应该比铝锅稍多一些。

厨具03 锅

现在铝锅是最常见的，但铜锅也非常好用

餐厅的厨房里都会有大小各异的铝锅，其中型号最大的用来做蔬菜肉酱。但是50年前，人们做饭时不用瓦斯，而是使用煤和铁板，所以在当时导热性好的铜锅是最为常见的。

重点

在今天，铜锅已经很少见了。铜锅在使用后要在表面薄薄地涂上一层锡，这种使用方法虽然烦琐，却难掩铜锅的魅力。

厨具04 其他

可以自己调整使用的功能性厨具

由橄榄木做成的刮片和叉子起源于法国。它独特的魅力在于，虽然造型简单但有质感，且能够长时间使用。除此之外，在烹饪时，用来扎透肉的脂肪部分的针等工具也非常好用。

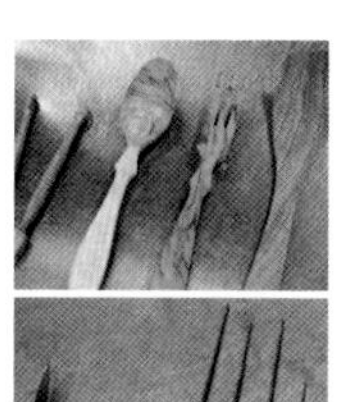

重点

将木勺的前端由原来的圆形削成方形，这样在使用时，能让其更加贴合锅的边边角角。

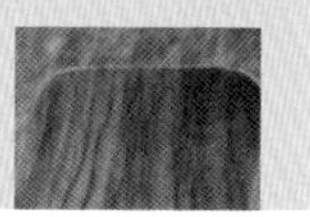

厨房

03 松荣亭

松荣亭的

招牌美食

西式炸什锦

据说这道菜是夏目漱石的最爱。用面衣包裹猪肉和洋葱，炸好后面衣酥脆，内芯食材丰富。

左）用特制平底锅炸出的西式炸什锦。右）店面是新装修的，但却隐隐透露出一种怀旧风味。

于明治四十年开业，其厨房历史悠久

这家西餐老铺中最有名的是为夏目漱石特制的西式炸什锦菜单。第四任店主堀口主厨说：“当时店里使用的还是木质冰箱，没法像现在一样轻松地保存食材。这道菜是在客人点单后，利用当时有的食材做成的。”

厨房中，整齐排列着厨师们常用的厨具，其中，第二任店主用的刀、50年前就开始使用的平底锅等厨具，一直到今天也还在被使用着。一旦购入一样厨具，就能够长年地使用下去，这就是老店的风格。

东京都千代田区神田淡路町2-8
03-3251-5511
营业时间：11:00—15:00（最后点单时间14:30）
17:00—20:00（最后点单时间19:30）
休息日：星期日，节假日

厨具01 菜刀

经过长年打磨而刀刃变小
被活用来挖洋葱芯

从左开始依次为挖洋葱芯的刀、卷心菜切丝刀、切肉刀和剔骨刀。这些刀由铜制成，非常锋利。因为容易生锈，所以每天打磨就成了不可或缺的工序。最左边的刀原本跟它旁边的刀一样大，但经过长年的打磨，就变成了现在的大小。

重点

第二任店主用的牛刀，现在也还在被使用着。这个大小，用来挖洋葱芯是再合适不过的了。

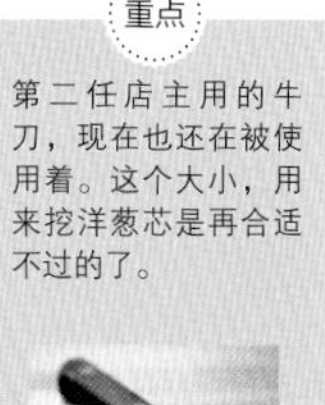

厨具02 平底锅

铁制平底锅也可以用来做油炸料理
依据锅柄的角度来选择

照片中的平底锅，从上到下依次为蛋包饭用、汉堡肉用和牛排用锅，都是铁锅。厨师说："厨房里也有特氟龙涂层的平底锅，但总觉得用着不顺手，没法在顾客面前使用。"制作蛋包饭的锅在使用后不用洗掉上面的油，用布擦干就行了。

重点

54年前，第三代女老板嫁过来时就开始使用的平底锅。螺丝是铜制品，很珍贵。

厨具03 汤锅

轻巧又顺手的
铝制单手锅

浅一点的锅用来加热1人份的汤，深一些的锅加热2~3人份的汤。铝制锅很轻巧，手柄又方便攥握。用后要用洗涤剂彻底清洗，并充分擦干水。清污和干燥是保养中最重要的两点。

重点

手柄的角度和粗细，手持时的舒适度，是崛口厨师长选锅时的重点。

厨具04 筛子、滤网

用马尾做的筛子

照片中是崛口厨师长常用的筛子和做汤时用的滤网。用马尾做成的筛子，比金属更细致。当时厨师长特地去了合羽桥的工具店，来购买这种筛子。

重点

马尾制成的筛子价格很高，崛口厨师长下了很大的决心才把它买了回来。

厨房用具目录

好看、好用又经用的厨房用具大搜罗。
有了好厨具，做饭也会变得更有趣。
发现你的欲购品。

刀

纯正的钢制刀当然非常好用，但合金刀和一体刀也非常受欢迎。

厨具 01

环球（GLOBAL）

GLOBAL GS-3 小刀

蛤蜊状刀刃的不沾刀。可以广泛运用于多种食材，轻快锋利。刀身和刀柄是一体的，方便洗净。

资料

型号：刀刃长度13 cm
原料：不锈钢

厨具 02

贝印

关孙六 10000 CL 宰牛刀 180 mm

由钴制成，是锋利耐用，高性价比的新商品。焊接的背面和刃面的对比很有特点。把手使用白色胶合板、女性风格十足。

资料

型号：刀刃长度18 cm
原料：钴SP（三层钢）

厨具 03

一竿子忠网本铺

本烧 小刀 120 mm 檀木柄

创业400年以上的老店——一竿子忠网本铺的西餐专用刀。这家老店的工匠坚持不使用机器，而是亲手制作每柄菜刀。刀锋如镜面一般。许多名厨都是这个品牌的粉丝。

资料

型号：刀刃长度12 cm
原料：超真砂钢铁

厨具 04

佑成

宰牛刀 附有护手 440

专业厨师御用制造商佑成的宰牛刀使用市面上少见的SUS400 C钢。锋利度、耐用度出色，不易生锈。有收费打磨的服务，是能够长久使用的珍品。

资料

型号：刀刃长度18 cm
用料：SUS400 C

厨具 01

蛋形单手用锅

反复设计而成的蛋形，锅内热量和蒸汽更容易产生对流。对流产生的小气泡包裹着食材，让其更加美味。也可以用这种锅炖菜、熬汤或是做果酱。

资料

型号（从左前开始）：
直径16 cm×深8 cm
直径18 cm×深8 cm
直径20 cm×深14 cm

格林潘（Greenpan）

斯德哥尔摩不锈钢带盖汤锅

不使用有害人体健康的聚四氟乙烯和全氟烯酸等化学材质，做到了安全、环保。预热烹饪这一功能让这种锅十分受欢迎。

厨具 02

资料

型号：直径16 cm×深8 cm
重量：1250 g

厨具 03

波奇佳（POCHKA）

野田珐琅
汤锅

“POCHKA”是俄语中“凹陷”的意思。外形胖乎乎的很可爱，附带的木铲使用感好，还兼具方便搅拌的功能。表面是玻璃质感，能够保留菜品原始的风格。手柄和锅盖把手由天然木头制成。可用于电磁炉。

资料

型号：直径14 cm×宽29.2 cm×高13 cm
重量：610 g

酷彩（ lecreuset）

汤锅
樱桃红

极具设计感的珐琅制汤锅为厨房增添一抹亮丽的色彩。其导热性好，可以精确调节火候的大小。直径18 cm，可炖可炸，能蒸0.2 L米饭，还可以做奶酪火锅。

厨具 04

资料

型号：直径18 cm×高7.8 cm
重量：2200 g

厨具 05

双立人（Zwilling）

圆锥汤锅 16 cm

抛光加工而成的高品质汤锅。锅身是能够均匀导热的7层结构，非常适合熇干酱汁、快速焯菜等。

资料

型号：直径16 cm

汤锅

可单手使用的汤锅，
可以做炖菜、
油炸食品和热汤等
多种料理。

厨具 05

斯陶布（Staub）

烤盘 黑色

内壁由黑色珐琅加工而成，不易粘底和烧焦。铸铁材质可以将食材慢慢烤熟，底面的沟不但能烫出焦痕，还可以去除多余的油脂，保温性好，也可以做预热烹饪。

资料

型号：直径26 cm × 高3.8 cm
重量：2700 g

平底锅

方便不粘锅、
工匠手工打制的铁锅，
可依据厨房风格
和菜品选择。

欧美雷特

南部铁盘

有着百年历史的传统工艺品——南部铁盘具有吸热性好、传热均匀的特点。前部略深，适合做煎蛋卷。另外小号铁盘适合做松饼，外形非常可爱。

资料

型号：直径36.5 cm × 直径21.5 cm × 深8 cm
重量：1300 g

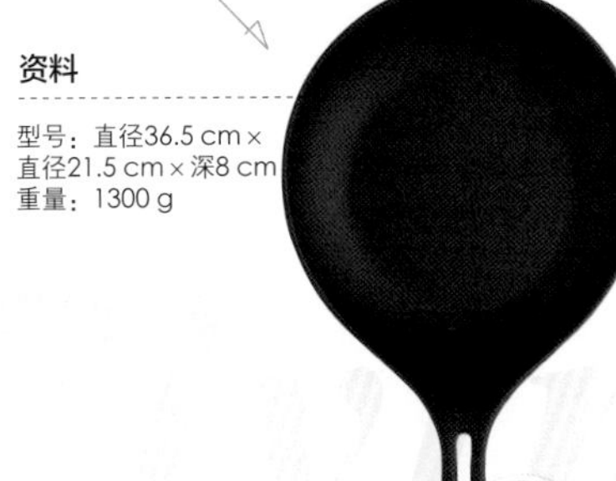

厨具 06

厨具 01

贝印

O.E.C平底锅

O.E.C系列的平底锅是贝印和烹饪大师——世的合作锅款。主题是“最适合电磁力的锅具”。这口锅的侧边导热性也很好，把手也很耐热。可以直接放入烤箱烹饪。修理服务也很方便。（需网上注册·收费）。

资料

型号：直径20 cm × 长33.5 cm × 高10 cm
重量：778 g

厨具 02

大古（Taku）

经典平底锅

大古是德国冶铁工匠阿鲁巴·托卡鲁·大古创立的品牌。铸铁经过千锤百炼，坚守150年不变的工艺制法。这是款保养恰当的话可以永久使用的一体式平底锅。

资料

型号：直径22 cm

厨具 03

唯他（Vitacraft）

堪萨斯平底锅

美国堪萨斯州州长也在使用的锅具。安全不易生锈，新手也可以安心使用。有21.5 cm和23.5 cm两种型号。

资料

型号：直径25.5 cm × 高4.5 cm
重量：940 g

厨具 04

柳宗理设计系列

平底铁锅
纤维线25 cm 附锅盖

柳宗理的创新款平底锅。表面装饰有不规则的凹凸纤维线，能有效防止食材被烧焦。侧边的注入口可以调节蒸汽防溢。可用于电磁炉。

资料

型号：直径45 cm × 直径29 cm × 高11.5 cm
重量：锅身约1080 g，锅盖约355 g

厨具 01

思利特

（ Sillt konbi Cook ）

浅口锅和平底锅（附玻璃锅盖）套装。组合（如图）起来可以做面包等烤箱菜品和蒸菜。表面的涂层是溶解天然矿石做成的。

资料

型号：最大宽32 cm × 高13 cm、浅锅直径21 cm × 深8.5 cm、容量2.3 L、重量：1200 g
平底锅直径20 cm × 深4.8 cm、容量1.2 L、重量：920 g

厨具 02

斯陶布（Staub）

蒸锅 椭圆形

和米其林三星主厨共同研制的基础蒸锅。锅内的突起可以增加锅中的蒸汽循环。推荐用于无水烹饪和烟熏。锅体有多种颜色，且有多种型号（11 cm为最小）。

资料

型号：直径27 cm × 高约13.5 cm
容量：约2.4 L
重量：约4400 g（型号、容量和重量有个体差异）

厨具 03

菲仕乐（Fissler）

专业厨师喜爱的西餐蒸锅 20 cm

精密、坚固、高品质。德国制Fissler对产品品质的管理非常严格。精确的设计能满足专业厨师的使用需求。此外，这款锅的锅盖设计也很人性化，厨师在掀盖时可以直接把锅盖挂在手上。

资料

型号：直径20 cm × 高8.7 cm
容量：2.6 L
重量：2000 g

厨具 04

捷欧（GEO PRODUCT）

GEO-18 T

与饮食教育第一人——服部幸应共同研制的厨具。这口锅的7层结构（将导热性良好的铝夹在不锈钢中间）能让受热更加均匀。可用于电磁炉。

资料

型号：直径18 cm × 高12.5 cm
容量：2.0 L
重量：1260 g

厨具 05

美亚（Meyer）

星厨双耳锅 20 cm

可用于电磁炉的不锈钢双耳锅。型号有16 cm和18 cm两种。能叠放收纳是其一大优点。外壁由不锈钢镜面制作而成，不易留痕，清洁感十足。价位适中。

资料

型号：直径20 cm × 高14.5 cm
重量：1320 g

双耳锅

导热性好的锅能更加精确地控制火候，适合做需要小火慢炖的菜品。特色之一是可预热烹饪。

双耳锅2.4 L

不用开盖也可以看到内部的玻璃双耳锅。锅盖由耐热性玻璃制成，烹调过程一目了然。保温性能好，炖菜后可以用余热继续闷煮。可用于电磁炉和烤箱。

资料

型号：直径21.5 cm
容量：2.4 L

厨具 06

【第五章】

杰出的西餐指南

从炸虾双色蛋包饭、半熟炸牛排、新式咖喱炒饭，到色香味俱全的意大利面。这些菜品是有着150年历史的日式西餐的巅峰。这里遴选出了走在日式西餐界最前沿的杰出名店。了解他们绝不妥协的坚持和无与伦比的美食夙愿。

摄影=上乐博之/岸mamoru
文章=藤谷良介/山下和树

01

特别**西餐**企划

浅草

不断创新菜品的名店 心怀敬意和变革精神

继承传统，不断创新

大宫餐厅从开业至今，已有30多年。就算坐落在老店云集、竞争激烈的浅草地区，这家店也依旧能俘获众多美食家的心。

大宫胜雄是店主兼主厨。他18岁时对烹饪产生兴趣，在法国的餐厅和新西兰的酒店学习之后，又游历欧洲，了解其他学习地方菜的做法。

让人仿佛置身于欧洲的精巧餐厅，散发着独特氛围的美食圣地。7岁以上的儿童可以进店用餐。

新丸大厦店（新丸里大厦5F/ 03-5222-0038）
工作日限定的蛋包饭有着令人兴奋的丰富色彩。

“在法国里昂吃当地的家常菜时，我被它的朴素所感动。那时起我就开始考虑如何能将其做成符合日本人口味的菜品。于是，我就在故乡浅草创办了这家大宫餐厅。”

大宫主厨主张“越是基础菜品，越不能懈怠，要做出不依赖食材，而是靠厨师技艺制作出的新式西餐”。例如，只在新丸大厦店内供应的蛋包饭，既遵循被鸡蛋包裹的规矩，又创新地浇上蔬菜肉酱和白酱这两种酱汁。其中的鸡肉饭是用番茄汁和番茄酱炒制而成的，非常美味。另外，配料中酱汁、沙拉酱乃至培根都是自制的。这家餐厅的蔬菜肉酱非常有名。花费两周的时间来炖煮牛筋和蔬菜，在完成时还要加入红酒。这道酱汁的甜味、酸味和苦味绝妙平衡，让人回味悠长。

一边对先人们表示敬意，一边挑战西餐的新规范。请大家一定要来品尝一下这道极具创新精神的美食。

受欢迎的理由

最大限度展现食材原味的万能锅

大宫用的单手锅是具烧、煮、炸、炒等多种功能于一身的万能平底锅。这款锅导热性能一般，却正好能够充分烧制肉类，并充分展现食材原有的风味。

白葡萄酒酱汁炖牛舌，炖煮6小时、软烂到入口即化的牛舌加上特制的蔬菜肉酱，配合红葡萄酒、白葡萄酒带来的独特风味。

大宫主厨说：“新菜品受到老顾客的欢迎，这是我最大的喜悦了。”

资料

大宫餐厅

东京都台东区浅草2-1-3 03-3844-0038
http://0038.info/
营业时间/周二至周六
11:30—14:00、17:30—20:30
周日及节假日11:30—14:30、17:00—20:00
休息日/每周一

孤高技师制作出的本来之味

人形町站A3出口上来右转，掀开绮・幸古朴的门帘，就能看到简单的L形柜台。这家店的招牌菜是炸牛排。这道菜是过世厨师长谷川外吉的杰作。他在学习了10年日式料理后，成为为海军服务的厨师，积累了丰富的经验。这道菜选用的是从“今半”进货的上等和牛。制作时，首先要将肉的两面切成花刀，这是日本料理中“蛇腹胡瓜”的技法，可以让肉质更加松软。像制作半熟牛排一样包裹上专用的面包粉，在猪油里炸制25秒。当瘦肉部分泛红时，这道炸牛排就做好了。酥脆的外皮搭配柔软多汁的牛肉，带来极致的味觉享受。这道菜有原味、搭配酱汁、搭配特制酱油这3种吃法，每种都有不同的风味。长谷川外吉曾说，“若对味道妥协就咬舌自尽”。这种匠人精神被保留至今，化作一道又一道美食，呈现在顾客眼前。

等待上菜时的期待是最让人愉快的。前任店主的女儿安子小姐，一直以微笑迎接客人。

02

特别 **西餐** 企划

人形町

绮・幸西餐

独一无二的炸牛排 瘦牛臀肉发出 诱人的光泽

用碎肉锤将猪背脊肉拍松，搭配特制酱汁食用（由3种酱汁和酱油混合而成）的煎猪肉肉质厚实且柔软，让人食指大动。

受欢迎的理由

选用名店“今半”的高品质食材

但店家坚持选用珍贵的牛腿肉（1头牛只出10kg）。这家餐厅从开店以来，一直使用“今半”的高品质牛肉，并以适中的价位供应给顾客。

资料

Kiraku西餐

东京都中央区日本桥人形町2-6-6 03-3666-6555
营业时间/11:00—15:00（最后点单时间14:45）、17:00—20:15（最后点单时间20:00）
休息日/每周日、每月一次周一

左）一天能卖出100只，最具人气的炸虾。右）第四代店主松尾信彦始终秉持着“坚持手工制作”的理念。

03 特别**西餐**企划

南大井

为顾客喜爱的老牌西餐厅

大正十三年开业 历史悠久

从京急电车的大森海岸站走5分钟，就能到达这家位于住宅区内的“入舟西餐”。这一地段原本是繁华的街巷，中餐和日式餐店鳞次栉比。这家餐厅开业于大正十三年，历经近90年的历史，餐厅二楼的榻榻米座位依旧散发着往日的风情。

第四代店主一边坚守着老味道，一边致力于寻找新食材。店主满面笑容地说道：“被顾客称赞的时候很高兴，发现适合烹饪的好食材时更加高兴。”他每天早上都会到筑地专心研究每日的食材。店主最推荐的菜品是炸虾。用料是食用纯自然饵料，在无压力环境中长大的新喀多里亚“天使虾”。加入极少量的盐和胡椒，在高温中快速炸制。这道炸虾的特色之一是从头到尾都可食用。

受欢迎的理由

不断追求高级的食材

选用新鲜到可以生吃的“天使虾”。此外，这家餐厅还坚持选用岩手县产的岩中猪肉和三重县产的和牛小腿肉。

资料

入舟榻榻米西餐店

东京都品川区南大井3-18-5 03-3761-5891
营业时间/11:30—14:00（最后点单时间13:30）、17:00—21:00（最后点单时间20:30）
休息日/周日及节假日

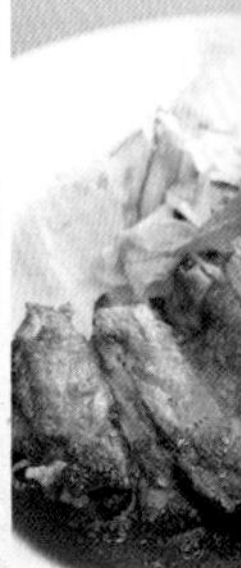

左）油是纯色拉油，并坚持每日更换新油。右）使用肉质鲜美的大山鸡腿肉。烤制时，要少量多次地在鸡肉表皮上抹油，这样可以使鸡肉口感更脆嫩。酥脆的鸡皮配上多汁的鸡肉。搭配番茄酱食用更清爽。

西餐便可以选择炸里脊肉排或可乐饼。搭配的土豆沙拉里加有自制蛋黄酱，非常美味（套餐含米饭）。

以牛筋、鸡骨和蔬菜为原料的蔬菜肉酱，要耗时一个月才能做成。且餐厅一直延续着上任主厨近藤重晴先生的“老味道”，因此有很多一家三代人都是餐厅回头客的情况。

受欢迎的理由

使用三种国产肉，绝无仅有的个性派可乐饼

从开业起就坚持使用高品质的食材，只选用从日本桥老店日山中买来的国产肉。就连作家向田邦子也非常喜欢这家餐厅的土豆可乐饼（由鸡肉、猪肉和火腿三种肉制成）。

04 特别**西餐**企划

人形町

在榻榻米座位上享用时髦的西餐便当

芳味亭

榻榻米的西餐老店，让人沉浸在风雅的气氛中

穿过门帘，就仿佛回到了旧时代。于昭和九年开业的芳味亭，仿佛是直接从“第二次世界大战”前的平民镇子里搬过来似的，极富复古韵味，可以让人感受到当年的风雅氛围。

厨师长土井三郎15岁时进入餐厅打工。他的师傅曾在横滨的知名酒店里学习，土井主厨也一直坚守着从师傅那里继承来的老味道。这家餐厅最有人气的就是西餐便当了。西餐便当中包含了店铺的特色菜，比如用自制的蔬菜肉酱炖煮入味的牛肉，还有香气四溢的炸里脊肉排等。

餐厅的菜单一律由旧式日语写成，令人对过去产生无限的想象。

资料

芳味亭

东京都中央区人形町2-9-4 03-3666-5687

营业时间/11:00—14:00、17:00—21:00

休息日/每周日

奶油般的混合肉可乐饼 1000日元 配上自制的番茄汁享用更美味。搭配的芹菜很爽口。

传统老店的炖牛肉秘方

佐久良西式小餐厅位于观音里（靠近浅草寺）的安静住宅区里，是广为人知的西餐老店。“第二次世界大战”后，第一代店主曾在浅草顾客们常去的西餐店学习，此后于昭和四十二年开设了分店。之后，这家分店正式继承了老店的招牌。

这家店铺的特色菜是炖牛肉。加有白色鸡高汤的蔬菜肉酱味道浓郁、后味清爽。切成大块的信州产牛肉在口中弹开，给人完美的味觉享受。除了本地区的食客们，全国各地和韩国的食客们也纷纷前来。第一任店主去世后，继承父业的是刚刚二十出头的女儿优花。她从中学时期开始就决定继承店铺，在老店主的熏陶下逐渐成长为能独当一面的优秀厨师。

“女儿一直在厨房学习……有段时间没来的客人说味道没有变。”老板娘幸枝说道，满面笑容的脸上透露着对年轻的第二代掌门人的信赖。

05 特别**西餐**企划

浅草

由二十出头的第二代店主经营的传统西餐厅

佐久良西式小餐厅

资料

佐久良西式小餐厅

东京都台东区浅草3-32-4

03-3873-8520

营业时间/11:30—14:00、17:00—20:00

休息日/每周二，每月第二、第四周的周三

上）用鲜螃蟹制作而成的奶油蟹肉可乐饼，搭配前人传授的特制酱汁1700日元。表皮酥脆，内芯柔滑，具有高级甜味的一道菜。下）炖牛肉。

受欢迎的理由

从第一任主厨流传至今的独家秘方

酱汁味道温和。老店主在病床上还牵挂着店内酱汁的制作，真是令人敬佩的厨师。

“Paichi”是“一杯、一份”的意思。昭和十一年开业时是一家小酒馆，之后开始经营西餐。招牌菜是咖喱饭和牛肉洋葱饭，第二代店主接任后创新出了特色菜——炖牛肉。

基础酱汁是将牛筋、牛骨和洋葱炖煮一周做成的。鲜美浓郁的牛肉，搭配美味的沙拉和松软的米饭，非常美味。

现在，第三任店主世川勇二正和母亲、姐姐一起经营这家餐厅。店主秉持着“决定去做，便拼尽全力”的理念。这道充满厨师心意的炖菜让人的身心都变得热乎乎的。

资料

Paichi

东京都台东区浅草1-15-1　03-3844-1363
营业时间/工作日11:30—14:00
周末、节假日至14:30；16:30—20:20
休息日/每周四

店主、母亲、姐妹一家，让人感受到温馨的家庭氛围。

06 特别**美食**企划

浅草

人情味浓、铁锅烫热。倾注厨师灵魂的炖菜 浅草特色菜

炖牛肉
2100日元
在口中融化的牛肉、搭配胡萝卜和土豆等大块食材，非常美味。这道菜一年四季都很有人气。

厚实的炸猪排三明治
还有油炸食品、汉堡肉、芝士焗菜、蟹肉沙拉等丰富的菜品。选择哪款都不会出错。

受欢迎的理由

热乎乎的和洋结合风味

第二代店主独创的铁锅炖菜，灵感来源于什锦火锅。

绝品牛肉洋葱盖浇饭

07 特别**美食**企划

麴町

青山乌鸦亭

受欢迎的理由

耗时一个月才能做成的特制蔬菜肉酱

用牛油炒制面粉直到其变成棕色。正是这份认真成就了其独特的美味。

资料

青山乌鸦亭

东京都千代田区麴町3-12-12 麴町M大厦1F 03-3239-8636
营业时间/11:30—14:30、18:00—21:00
休息日/周日及节假日(*原则上)

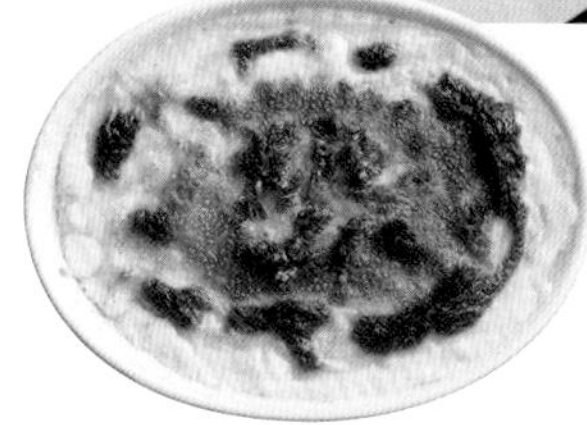

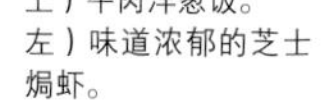

右)提供外送和到家烹饪的服务。
上)牛肉洋葱饭。
左)味道浓郁的芝士焗虾。

绝品牛肉洋葱盖浇饭

古屋隆司夫妇是青山乌鸦亭的店长兼主厨。它的前身是大正时期店主的祖父任职的新桥乌鸦亭。现任店主曾在法国的餐厅和美食家集聚的志摩观光酒店学习过，学成后继承了祖父和父亲的店铺。

人气王是牛肉洋葱盖浇饭。蔬菜肉酱要耗时一个月才能制成。原材料是鸡肉、牛筋、香味蔬菜和红酒，味道浓郁。在酱汁里加入牛肉和炒过的食材，炖煮一个晚上才能做好。口感独特的食材和浓郁的酱汁绝妙交缠在一起，给人以独特的味觉享受。

充分体现银座品位的西餐厅

08
特别**西餐**企划

银座

银座古川

受欢迎的理由

咖喱菜单的核心——欧洲咖喱

鸡肉汤和洋葱熬至浓稠，搭配由32种香辛料熬制而成的欧式咖喱，十分美味。

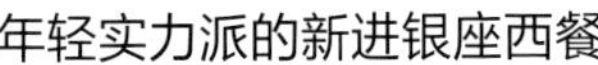

左）萃取鱼贝的汤汁，加入白葡萄酒做成的鱼贝奶油炖菜是该店人气菜品。
上）炸虾和炒杂烩饭 配奶油咖喱。

宝冢歌舞团的演员古川百合，举手投足间都散发着不凡的优雅气质。

年轻实力派的新进银座西餐

将炸虾插进饭里的独特做法，让人大饱眼福。咖喱饭刺激的香味和鲜美弹滑的大虾，又让人大饱口福。浇上奶油后，味道会变得更加柔和。银座古川的这道菜成了银座的经典菜品。出身于帝国酒店的第二代厨师长古川智久，从购买食材到烹饪，每一步都是亲力亲为，每天都带给食客们不一样的惊喜。

高品质的画作和怀旧的菜品

在吉祥寺热闹的商业街上，风格各异的店铺林立，赋予这一带独特的文化氛围。“帽子与胭脂”是一座独栋店铺，开在繁华街道附近的幽静小路上，是吉祥寺一带的名店之一。这家餐厅开业于昭和三十六年，最开始的名字是“斑比餐厅”。改建装修后，店名变成了现在的“帽子与胭脂”。这家餐厅氛围悠闲舒适，店内常年展示着一幅名为《红色帽子的少女》的画（这也是店名的由来），除此之外店内还挂着前店主收集的织田广喜的50幅作品。一边欣赏画作，一边享用热乎乎的西餐，这真是一种奢侈的享受啊。

09

特别**美食**企划

帽子与胭脂餐厅

吉祥寺

在画廊般的餐厅里，品尝怀旧的美味

受欢迎的理由

凸显食材美味的温和酱汁

包上加入肉豆蔻的混合肉馅，轻柔地炖煮。浓郁的特制番茄酱是美味的关键。

融合日式口味的菜品，继承了传统的老味道。最推荐的招牌菜是卷心菜包肉（1050日元）。甜味和酸味绝妙平衡，卖相好，味道温和。

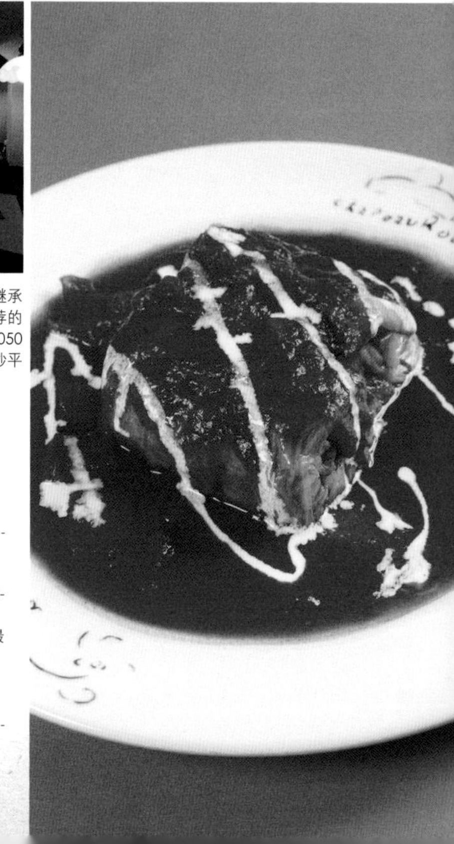

资料

帽子与胭脂餐厅

东京都武藏野市吉祥寺本町2-13-1　0422-22-4139

营业时间/11:00—16:00、17:00—22:00（最后点单时间21:00）

休息日/无休

50年备受欢迎的意大利面

第四代店长小林道生说：“我们坚持制作日常西餐，不出奇，却非常美味。”肯餐厅开业已有半个世纪之久，一直坚守着对高品质美食的追求。店里的人气意大利面使用番茄酱、蔬菜肉酱和容易入味的2毫米粗面，再加以恰当的火候炒制，非常美味。另外还有白酱可乐饼，限定产地和新鲜度的炸牡蛎……循着商业街上的路标，可以轻松找到这家餐厅。

10

特别
美食
企划

虎之门

地道的日常菜品

上）店内氛围幽静，可以安心地享用美食。左）冬季限定的炸牡蛎，由石卷产的奶油般肉质柔软的牡蛎做成，美味极了。
右）加有维也纳香肠的意大利面。

受欢迎的理由

经验与技术的结晶——蔬菜肉酱

这家餐厅的蔬菜肉酱要耗时3周才能制成。主要食材是牛筋、番茄泥、洋葱和欧芹等。

资料

肯餐厅

东京都港区虎之门1-1-28　托托（TOTO）大厦B1F　03-3591-4158
营业时间/周一至周六11:00—15:00（最后点单时间14:30）、周一至周五17:00—22:30（最后点单时间21:30）
休息日/周日及节假日

图书在版编目（CIP）数据

西餐的基础知识 / 日本株式会社枻出版社编 ; 孙璐译. — 北京 : 北京美术摄影出版社，2022.5
ISBN 978-7-5592-0471-4

Ⅰ. ①西… Ⅱ. ①日… ②孙… Ⅲ. ①西式菜肴—烹饪—基本知识 Ⅳ. ①TS972.118

中国版本图书馆CIP数据核字(2022)第002794号

北京市版权局著作权合同登记号：01-2018-1948

责任编辑：耿苏萌
助理编辑：魏梓伦
责任印制：彭军芳

西餐的基础知识

XICAN DE JICHU ZHISHI

日本株式会社枻出版社　编
孙璐　译

出　版　北 京 出 版 集 团
　　　　北京美术摄影出版社
地　址　北京北三环中路 6 号
邮　编　100120
网　址　www.bph.com.cn
总发行　北京出版集团
发　行　京版北美（北京）文化艺术传媒有限公司
经　销　新华书店
印　刷　天津图文方嘉印刷有限公司
版印次　2022 年 5 月第 1 版第 1 次印刷
开　本　880 毫米 × 1230 毫米　1/32
印　张　5.75
字　数　150 千字
书　号　ISBN 978-7-5592-0471-4
定　价　79.00 元

如有印装质量问题，由本社负责调换
质量监督电话　010-58572393